建设工程常用数据速查手册系列丛书

智能建筑常用数据速查手册

赵乃卓　主编

中国建筑工业出版社

图书在版编目（CIP）数据

智能建筑常用数据速查手册/赵乃卓主编. —北京：中国建筑工业出版社，2012.8
（建设工程常用数据速查手册系列丛书）
ISBN 978-7-112-14432-7

Ⅰ.①智… Ⅱ.①赵… Ⅲ.①智能化建筑-数据-技术手册 Ⅳ.①TU243-62

中国版本图书馆 CIP 数据核字（2012）第 136022 号

建设工程常用数据速查手册系列丛书
智能建筑常用数据速查手册
赵乃卓　主编
＊
中国建筑工业出版社出版、发行（北京西郊百万庄）
各地新华书店、建筑书店经销
霸州市顺浩图文科技发展有限公司制版
北京世知印务有限公司印刷
＊
开本：850×1168 毫米　1/32　印张：7⅝　字数：206 千字
2012 年 9 月第一版　　2012 年 9 月第一次印刷
定价：**20.00**元
ISBN 978-7-112-14432-7
（22501）

一名合格的智能技术人员，应掌握大量的常用智能数据，但由于资料来源庞杂繁复，使得相关技术人员工作量增大，为了解决这一问题，我们编写了这本《智能建筑常用数据速查手册》。

　　本书分为智能建筑常用基础数据、智能建筑设备常用数据、智能建筑设计与施工常用数据三个章节，是一本方便、快捷、准确、实用的智能建筑数据速查手册。

　　本书可供广大智能建筑专业技术人员及工人工作时查阅，也可作为大中专院校相关专业师生学习参考书。

＊　　　＊　　　＊

　　责任编辑：刘　江　张　磊　岳建光
　　责任设计：张　虹
　　责任校对：姜小莲　王雪竹

前　言

　　智能建筑是信息时代的必然产物，建筑物智能化程度随科学技术的发展而逐步提高。一名合格的智能技术人员，应掌握大量的常用智能数据，但由于资料来源庞杂繁复，使得相关技术人员工作量增大，为了解决这一问题，我们编写了这本《智能建筑常用数据速查手册》。

　　本书分为智能建筑常用基础数据、智能建筑设备常用数据、智能建筑设计与施工常用数据三个章节，是一本方便、快捷、准确、实用的智能建筑数据速查手册。本书具有如下几个特点：

　　1. 准确性

　　本书是以国家现行规范、标准以及常用设计数据资料为依据，确保了本手册数据的准确性及权威性。

　　2. 快捷、实用性

　　根据智能建筑施工流程，对涉及的数据进行了整理分类，方便读者能够快速查阅到所需数据。

　　3. 条目清晰，查找方便

　　本书采用表格的方式，覆盖面广，内容详实，实用性强，有很强的针对性和可操作性，便于使用。

　　4. 适用范围广

　　本书可供广大智能建筑专业技术人员及工人工作时查阅，也可作为大中专院校相关专业师生学习参考书。

本书在编写过程中，参阅和借鉴了许多优秀书籍和有关文献资料，并得到了有关领导和专家的帮助，在此一并向他们致谢。由于编者的学识和经验所限，虽尽心尽力，但仍难免存在疏漏或未尽之处，恳请广大读者批评指正。

目　录

1 智能建筑常用基础数据

1.1 常用名词术语

智能建筑常用名词术语见表 1-1。

智能建筑常用名词术语

表 1-1

序号	术语	英文名称	含 义
1	建筑设备自动化系统(BAS)	building automation system	将建筑物或建筑群内的空调与通风、变配电、照明、给排水、热源与热交换、冷冻和冷却及电梯和自动扶梯等系统,以集中监视、控制和管理为目的构成的综合系统
2	通信网络系统(CNS)	communication network system	通信网络系统是建筑物内语音、数据、图像传输的基础设施。通过通信网络系统,可实现与外部通信网络(如公用电话网、综合业务数字网、互联网、数据通信网及卫星通信网等)相连,确保信息畅通和实现信息共享
3	信息网络系统(INS)	information network system	信息网络系统是应用计算机技术、通信技术、多媒体技术、信息安全技术和行为科学等先进技术和设备构成的信息网络平台。借助于这一平台实现信息共享、资源共享和信息的传递与处理,并在此基础上开展各种应用业务

序号	术语	英文名称	含 义
4	智能化系统集成(ISI)	intelligent system integrated	智能化系统集成应在建筑设备监控系统、安全防范系统、火灾自动报警及消防联动系统等各子分部工程的基础上,实现建筑物管理系统(BMS)集成。BMS可进一步与信息网络系统(INS)、通信网络系统(CNS)进行系统集成,实现智能建筑管理集成系统(IBMS),以满足建筑物的监控功能、管理功能和信息共享的需求,便于通过对建筑物和建筑设备的自动检测与优化控制,实现信息资源的优化管理和对使用者提供最佳的信息服务,使智能建筑达到投资合理、适应信息社会需要的目标,并具有安全、舒适、高效和环保的特点
5	火灾报警系统(FAS)	fire alarm system	由火灾探测系统、火灾自动报警及消防联动系统和自动灭火系统等部分组成,实现建筑物的火灾自动报警及消防联动
6	安全防范系统(SAS)	security protection & alarm system	根据建筑安全防范管理的需要,综合运用电子信息技术、计算机网络技术、视频安防监控技术和各种现代安全防范技术构成的用于维护公共安全、预防刑事犯罪及灾害事故为目的的,具有报警、视频安防监控、出入口控制、安全检查、停车场(库)管理的安全技术防范体系
7	住宅(小区)智能化(CI)	community intelligent	它是以住宅小区为平台,兼备安全防范系统、火灾自动报警及消防联动系统、信息网络系统和物业管理系统等功能系统以及这些系统集成的智能化系统,具有集建筑系统、服务和管理于一体,向用户提供节能、高效、舒适、便利、安全的人居环境等特点的智能化系统

序号	术语	英文名称	含 义
8	家庭控制器(HC)	home controller	完成家庭内各种数据采集、控制、管理及通信的控制器或网络系统,一般应具备家庭安全防范、家庭消防、家用电器监控及信息服务等功能
9	控制网络系统(CNS)	control network system	用控制总线将控制设备、传感器及执行机构等装置联结在一起进行实时的信息交互,并完成管理和设备监控的网络系统
10	布线	cabling	能够支持信息电子设备相连的各种缆线、跳线、接插软线和连接器件组成的系统
11	建筑群子系统	campus subsystem	由配线设备、建筑物之间的干线电缆与光缆、设备缆线、跳线等组成的系统
12	电信间	telecommunications room	放置电信设备、电缆和光缆终端配线设备并进行缆线交接的专用空间
13	工作区	work area	需要设置终端设备的独立区域
14	信道	channel	连接两个应用设备的端到端的传输通道。信道包括设备电缆、设备光缆和工作区电缆、工作区光缆
15	链路	link	一个CP链路或是一个永久链路
16	永久链路	permanent link	信息点与楼层配线设备之间的传输线路。它不包括工作区缆线和连接楼层配线设备的设备缆线、跳线,但可以包括一个CP链路
17	集合点(CP)	consolidation point	楼层配线设备与工作区信息点之间水平缆线线路由中的连接点
18	CP链路	cp link	楼层配线设备与集合点(CP)之间,包括各端的连接器件在内的永久性的链路

3

序号	术语	英文名称	含 义
19	建筑群配线设备	campus distributor	终接建筑群主干缆线的配线设备
20	建筑物配线设备	building distributor	为建筑物主干缆线或建筑群主干缆线终接的配线设备
21	楼层配线设备	floor distributor	终接水平电缆、水平光缆和其他布线子系统缆线的配线设备
22	建筑物入口设施	building entrance facility	提供符合相关规范机械与电气特性的连接器件,使得外部网络电缆和光缆引入建筑物内
23	连接器件	connecting hardware	用于连接电缆线对和光纤的一个器件或一组器件
24	光纤适配器	optical fiber connector	将两对或一对光纤连接器件进行连接的器件
25	建筑群主干电缆、建筑群主干光缆	campus backbone cable	用于在建筑群内连接建筑群配线架与建筑物配线架的电缆、光缆
26	建筑物主干缆线	building backbone cable	连接建筑物配线设备至楼层配线设备及建筑物内楼层配线设备之间相连接的缆线。建筑物主干缆线可为主干电缆和主干光缆
27	水平缆线	horizontal cable	楼层配线设备到信息点之间的连接缆线
28	永久水平缆线	fixed horizontal cable	楼层配线设备到 CP 的连接缆线,如果链路中不存在 CP 点,为直接连至信息点的连接缆线
29	CP 缆线	CP cable	连接集合点(CP)至工作区信息点的缆线
30	信息点(TO)	telecommunications outlet	各类电缆或光缆终接的信息插座模块

4

序号	术语	英文名称	含　义
31	设备电缆、设备光缆	equipment cable	通信设备连接到配线设备的电缆、光缆
32	跳线	jumper	不带连接器件或带连接器件的电缆线对与带连接器件的光纤,用于配线设备之间进行连接
33	缆线(包括电缆、光缆)	cable	在一个总的护套里,由一个或多个同一类型的缆线线对组成,并可包括一个总的屏蔽物
34	光缆	optical cable	由单芯或多芯光纤构成的缆线
35	电缆、光缆单元	cable unit	型号和类别相同的电缆线对或光纤的组合。电缆线对可有屏蔽物
36	线对	pair	一个平衡传输线路的两个导体,一般指一个对绞线对
37	平衡电缆	balanced cable	由一个或多个金属导体线对组成的对称电缆
38	屏蔽平衡电缆	screened balanced cable	带有总屏蔽和/或每线对均有屏蔽物的平衡电缆
39	非屏蔽平衡电缆	unscreened balanced cable	不带有任何屏蔽物的平衡电缆
40	接插软线	patch called	一端或两端带有连接器件的软电缆或软光缆
41	多用户信息插座	mufti-user telecommunications outlet	在某一地点,若干信息插座模块的组合
42	交接(交叉连接)	cross-connect	配线设备和信息通信设备之间采用接插软线或跳线上的连接器件相连的一种连接方式
43	互连	interconnect	不用接插软线或跳线,使用连接器件把一端的电缆、光缆与另一端的电缆、光缆直接相连的一种连接方式

1.2 主要符号与单位

1. 主要符号
智能建筑主要符号见表1-2。

智能建筑主要符号 表 1-2

序号	符号	中文名称	英文名称
1	ATM	异步传输模式	asynchronous transfer mode
2	DDC	直接数字控制器	direct digital controller
3	DMZ	非军事化区或停火区	demilitarized Zone
4	E-MAIL	电子邮件	electronic-mail
5	FTP	文件传输协议	file transfer protocol
6	FTTx	光纤到 x(x 表示路边、楼、户、桌面)	fiber to-the-x(x：C,B,H,D；C-curb,B-building,H-house,D-desk)
7	HFC	混合光纤同轴网	hybrid fiber coax
8	HTTP	超文本传输协议	hypertext transfer protocol
9	I/O	输入/输出	input/output
10	ISDN	综合业务数字网	integrated services digital network
11	B-ISDN	宽带综合业务数字网	broadband ISDN
12	N-ISDN	窄带综合业务数字网	narrowband ISDN
13	SDH	同步数字系列	synchronous digital hierarchy
14	UPS	不间断电源系统	uninterrupted power system
15	VSAT	甚小口径卫星地面站	very small aperture terminal
16	xDSL	数字用户环路(x：表示高速、非对称、单环路、甚高速)	x digital subscriber line (x：H,A,S,V；H-high data rate,A- asymmetrical,S-single line,V-bery high data rate)

序号	符号	中文名称	英文名称
17	ACR	衰减串音比	Attenuation to crosstalk ratio
18	BD	建筑物配线设备	Building distributor
19	CD	建筑群配线设备	Campus Distributor
20	CP	集合点	Consolidation point
21	dB	分贝	dB
22	d. c.	直流	Direct current
23	EIA	美国电子工业协会	Electronic Industries Association
24	ELFEXT	等电平远端串音衰减	Equal level far end crosstalk attenuation(loss)
25	FD	楼层配线设备	Floor distributor
26	FEXT	远端串音衰减（损耗）	Far end crosstalk attenuation(loss)
27	IEC	国际电工技术委员会	International Electrotechnical Commission
28	IEEE	美国电气及电子工程师学会	The Institute of Electrical and Electronics Engineers
29	IL	插入损耗	Insertion loss
30	IP	因特网协议	Internet Protocol
31	ISDN	综合业务数字网	Integrated services digital network
32	ISO	国际标准化组织	International Organization for Standardization
33	LCL	纵向对差分转换损耗	Longitudinal to differential conversion loss
34	OF	光纤	Optical fiber
35	PSNEXT	近端串音功率和	Power Sum NEXT attenuation
36	PSACR	ACR 功率和	Power Sum ACR
37	PS ELFEXT	ELFEXT 衰减功率和	Power Sum ELFEXT attenuation(loss)
38	RL	回波损耗	Return loss

序号	符号	中文名称	英文名称
39	SC	用户连接器（光纤连接器）	Subscriber connector (optical fiber connector)
40	SFF	小型连接器	Small form factor connector
41	TCL	横向转换损耗	Transverse conversion loss
42	TE	终端设备	Terminal equipment
43	TIA	美国电信工业协会	Telecommunications Industry Association
44	UL	美国保险商实验所安全标准	Underwriters Laboratories
45	Vr. m. s	电压有效值	Vroot. mean. square

2. 主要单位

（1）常用计量单位

1）国际单位制（SI）的基本单位见表1-3。

国际单位制（SI）的基本单位　　　　表1-3

量的名称	单位名称	单位符号
长度	米	m
质量	千克（公斤）	kg
时间	秒	s
电流	安[培]	A
热力学温度	开[尔文]	K
物质的量	摩[尔]	mol
发光强度	坎[德拉]	cd

注：1. 圆括号中的名称，是它前面的名称的同义词，下同；
　　2. 无方括号的量的名称与单位名称均为全称。方括号中的字，在不致引起混淆、误解的情况下，可以省略，去掉方括号中的字即为其名称的简称。下同；
　　3. 本标准所称的符号，除特殊指明外，均指我国法定计量单位中所规定的符号以及国际符号，下同；
　　4. 生活和贸易中，质量习惯称为重量。

2）国际单位制（SI）中包括辅助单位在内的具有专门名称的导出单位见表1-4。

国际单位制（SI）中包括辅助单位在内的具有专门名称的导出单位

表1-4

量 的 名 称	SI 导出单位		
	名称	符号	用SI基本单位和SI导出单位表示
［平面］角	弧度	rad	$1rad=1m/m=1$
立体角	球面度	sr	$1sr=1m^2/m^2=1$
力	牛［顿］	N	$1N=1kg \cdot m/s^2$
压力,应力,压强	帕［斯卡］	Pa	$1Pa=1N/m^2$
能［量］,功,热量	焦［耳］	J	$1J=1N \cdot m$
功率,辐［射能］通量	瓦［特］	W	$1W=1J/s$
频率	赫［兹］	Hz	$1Hz=1s^{-1}$
电荷［量］	库［仑］	C	$1C=1A \cdot s$
电压,电动势,电位,（电势）	伏［特］	V	$1V=1W/A$
电容	法［拉］	F	$1F=1C/V$
电阻	欧［姆］	Ω	$1\Omega=1V/A$
电导	西［门子］	S	$1S=1\Omega^{-1}$
磁通［量］	韦［伯］	Wb	$1Wb=1V \cdot s$
磁通［量］密度,磁感应强度	特［斯拉］	T	$1T=1Wb/m^2$
电感	亨［利］	H	$1H=1Wb/A$
摄氏温度	摄氏度	℃	$1℃=1K$
光通量	流［明］	lm	$1lm=1cd \cdot sr$
［光］照度	勒［克斯］	lx	$1lx=1lm/m^2$

3）可与国际单位制（SI）单位并用的我国法定计量单位见表1-5。

量的名称	单位名称	单位符号	与 SI 单位的关系
时间	分	min	$1\text{min}=60\text{s}$
	［小］时	h	$1\text{h}=60\text{min}=3600\text{s}$
	日（天）	d	$1\text{d}=24\text{h}=86400\text{s}$
［平面］角	度	°	$1°=(\pi/180)\text{rad}$
	［角］分	′	$1′=1/60°=(\pi/10800)\text{rad}$
	［角］秒	″	$1″=1/60′=(\pi/648000)\text{rad}$
体积	升	L(l)	$1\text{L}=1\text{dm}^3=10^{-3}\text{mm}^3$
质量	吨	t	$1\text{t}=10^3\text{kg}$
	原子质量单位	u	$1\text{u}=1.660540\times10^{-27}\text{kg}$
旋转速度	转每分	r/min	$1\text{rmin}=(1/60)\text{s}^{-1}$
长度	海里	n mile	$1\text{n mile}=1852\text{m}$（只适于航行）
速度	节	kn	$1\text{kn}=1\text{n mile/h}=(1852/3600)$ m/s（只适于航行）
能	电子伏	eV	$1\text{eV}=1.602177\times10^{-19}\text{J}$
级差	分贝	dB	
线密度	特［克斯］	tex	$1\text{tex}=10^{-6}\text{kg/m}$
面积	公顷	hm²	$1\text{hm}^2=10^4\text{m}^2$

注：1. 平面角单位度、分、秒的符号，在组合单位中应用（°）、（′）、（″）的形式。例如，不用°/s 而用（°）/s；

　　2. 升的两个符号属同等地位，可任意选用；

　　3. 公顷的国际通用符号为 ha。

4）由词头和以上单位构成的十进倍数和分数单位见表1-6。

因　数	词头名称		符　号
	英　文	中　文	
10^{24}	yotta	尧［它］	Y
10^{21}	zetta	泽［它］	Z
10^{18}	exa	艾［可萨］	E

因　　数	词头名称		符　　号
	英　　文	中　　文	
10^{15}	peta	拍[它]	P
10^{12}	tera	太[拉]	T
10^9	giga	吉[咖]	G
10^6	mega	兆	M
10^3	kilo	千	k
10^2	hecto	百	h
10^1	deca	十	da
10^{-1}	deci	分	d
10^{-2}	centi	厘	c
10^{-3}	milli	毫	m
10^{-6}	micro	微	μ
10^{-9}	nano	纳[诺]	n
10^{-12}	pico	皮[可]	p
10^{-15}	femto	飞[母托]	f
10^{-18}	atto	阿[托]	a
10^{-21}	zepto	仄[普托]	z
10^{-24}	yocto	幺[科托]	y

注：10^4 称为万，10^8 称为亿，这类数词的使用不受词头名称的影响，但不应与词头混淆。

（2）常用物理量和单位

1）电学和磁学的量和单位见表1-7。

电学和磁学的量和单位　　　　表 1-7

量 的 名 称	符号	单位名称	单位符号	备　　注
电流	I	安培	A	
电荷[量]	Q,(q)	库[仑],{安[培][小]时}	C,{A·h}	1C=1A·s

量 的 名 称	符号	单位名称	单位符号	备　注
体积电荷 电荷[体]密度	$\rho,(\eta)$	库[仑] 每立方米	C/m^3	$\rho=Q/V$
面积电荷 电荷面密度	σ	库[仑] 每平方米	C/m^2	$\sigma=Q/A$
电场强度	E	伏[特]每米	V/m	$E=F/Q$ $1V/m=1N/C$
电位,(电势) 电位差,(电势差),电压	V,φ $U,(V)$	伏[特]	V	$1V=1W/A$ $=1A\cdot\Omega=1A/s$
电通[量]密度(电位移)	D	库[仑] 每平方米	C/m^2	
电通[量](电位移通量)	Ψ	库[仑]	C	$\Psi=D\cdot A$
电容	C	法[拉]	F	$1F=1C/V,C=Q/U$
介电常数,(电容率) 真空介电常数, (真空电容率)	ε ε_0	法[拉]每米	F/m	$\varepsilon=D/E$ $\varepsilon_0=\mu_0C_0^2$ $=8.854188\times10^{-12}F/m$
相对介电常数, (相对电容率)	ε_r	—	1	$\varepsilon_r=\varepsilon/\varepsilon_0$
电极化率	χ,χ_e	—	1	$\chi=\varepsilon_r-1$
电极化强度	P	库[仑] 每平方米	C/m^2	$P=D-\varepsilon_0E$
电偶极矩	$p,(p_e)$	库[仑]米	$C\cdot m$	
面积电流 电流密度	$J,(S)$	安[培] 每平方米	A/m^2	
线电流 电流线密度	$A,(a)$	安[培]每米	A/m	
体积电磁能,电磁 能密度	w	焦[耳] 每立方米	J/m^3	

12

量 的 名 称	符号	单位名称	单位符号	备　注
坡印廷矢量	S	瓦[特]每平方米	W/m^2	
电磁波德相平面速度电磁波在真空中的传播速度	c,c_0	米每秒	m/s	如介质中的速度符号 c,则真空中的速度符号 c_0 $c_0=1/\sqrt{\varepsilon_0\mu_0}$ $=299792458m/s$
[直流]电阻	R	欧[姆]	Ω	$R=U/I,1\Omega=1V/A$
[直流]电导	G	西[门子]	S	$G=1/R$,$1S=1A/V=1\Omega^{-1}$
电阻率	ρ	欧[姆]米	$\Omega\cdot m$	$\rho=RA/l$
电导率	γ,σ	西[门子]每米	S/m	$\gamma=1/\rho$
[有功]电能[量]	W	焦[耳],{瓦[特][小]时}	J,{$W\cdot h$}	$1kW\cdot h=3.6MJ$
磁场强度	H	安[培]每米	A/m	$1A/m=1N/Wb$
磁位差,(磁势差)磁通势,磁动势	U_m F,F_m	安[培]	A	$U_m=\int_{r_1}^{r_2}H\cdot dr$ $F=\oint H\cdot dr$
磁通[量]密度磁感应强度	B	特[斯拉]	T	$1T=1Wb/m^2=$ $1V\cdot s/m^2$
磁通[量]	Φ	韦[伯]	Wb	$1Wb=1V\cdot s$
磁矢位,(磁矢势)	A	韦[伯]每米	Wb/m	
磁导率真空磁导率	μ μ_0	亨[利]每米	H/m	$\mu=B/H,1H/m=1V\cdot s$ $\mu_0=1.256637\times10^{-6}H/m$
相对磁导率	μ_r	—	1	$\mu_r=\mu/\mu_0$
磁化强度	$M,(H_i)$	安[培]每米	A/m	$M=(B/\mu_0)-H$
磁极化强度	$J,(B_i)$	特[斯拉]	T	$J=B-\mu_0H,1T=1Wb/m^2$
磁阻	R_m	每亨[利],负一次方亨[利]	H^{-1}	$1H^{-1}=1A/Wb$

量 的 名 称	符号	单位名称	单位符号	备　注
磁导	$\Lambda,(P)$	亨[利]	H	$\Lambda=1/R_\mathrm{m}$，$1\mathrm{H}=1\mathrm{Wb/A}$
自感 互感	L M,L_{12}	亨[利]	H	$L=\Phi/I$ $M=\Phi_1/I_2$
导纳,(复[数]导纳) 导纳模,(导纳) 电纳 [交流]电导	Y $\mid Y\mid$ B G	西[门子]	S	$1\mathrm{S}=1\mathrm{A/V}$ $Y=1/Z$
阻抗,(复[数]阻抗) 阻抗模,(阻抗) [交流]电阻 电抗	Z $\mid Z\mid$ R X	欧[姆]	Ω	$Z=R+jX$， $\mid Z\mid=\sqrt{R^2+X^2}$ (当一感抗和一容抗串联时) $X=\omega L-\dfrac{1}{\omega C}$
[有功]功率 无功功率 视在功率,(表观功率)	P Q S	瓦[特] 乏 伏[特] 安[培]	W var VA	$1\mathrm{W}=1\mathrm{J/s}=1\mathrm{V}\cdot\mathrm{A}$ $Q=\sqrt{S^2-P^2}$ $S=UI$
功率因数	λ	—	1	$\lambda=P/S$
品质因数	Q	—	1	$Q=\mid X\mid/R$
频率 旋转频率	f,v n	赫[兹] 每秒,负一 次方秒	Hz s^{-1}	
角频率	ω	弧度每秒 每秒,负一 次方秒	rad/s s^{-1}	

2）热学的量和单位见表 1-8。

热学的量和单位　　　　表 1-8

量的名称	符号	单位名称	单位符号	备　注
热力学温度	T,θ	开[尔文]	K	
摄氏温度	t,θ	摄氏度	℃	$t=T-T_0$， $t=\left(\dfrac{T}{K}-273.15\right)$℃ $T_0=273.15\mathrm{K}$

量的名称	符号	单位名称	单位符号	备 注
线[膨]胀系数 体[膨]胀系数	α_1 α_V (α, γ)	每开[尔文]	K^{-1}	$\alpha_1 = \dfrac{1}{l} \cdot \dfrac{\mathrm{d}l}{\mathrm{d}T}$ $\alpha_V = \dfrac{1}{V} \cdot \dfrac{\mathrm{d}V}{\mathrm{d}T}$
热,热量	Q	焦[耳]	J	$1J = 1N \cdot m$
热量流	Φ	瓦[特]	W	$1W = 1J/s$
热导率(热导系数)	$\lambda, (K)$	瓦[特]每米开[尔文]	W/ (m·K)	
传热系数	$K, (k)$	瓦[特]每平方米开[尔文]	W/ (m²·K)	
热阻	R	开[尔文]每瓦[特]	K/W	
热容	C	焦[耳]每开[尔文]	J/K	
质量热容	c	焦[耳]每千克开[尔文]	J/(kg·K)	$c = C/m$
熵	S	焦[耳]每开[尔文]	J/K	$\mathrm{d}S = \mathrm{d}Q/T$
质量熵	s	焦[耳]每千克开[尔文]	J/(kg·K)	
能(量)	E	焦[耳]	J	$H = U + pV$
焓	H	焦[耳]	J	
质量能	e	焦[耳]每千克	J/kg	
质量焓	h	焦[耳]每千克	J/kg	

3）光及有关电磁辐射的量和单位见表1-9。

4）声学的量和单位见表1-10。

表 1-9

光及有关电磁辐射量和单位

量的名称	符号	单位名称	单位符号	备 注
频率	f,v	赫[兹]	Hz	$1\text{Hz}=1\text{s}^{-1}$
角频率	ω	弧度每秒 每秒	rad/s s^{-1}	$\omega=2\pi v$
波长	λ	米	m	曾用埃 Å(Å=0.1nm) 不推荐再用 Å
辐[射]能	$Q,W,(U,Q_e)$	焦[耳]	J	$1\text{J}=1\text{kg}\cdot\text{m}^2/\text{s}^2$
辐[射]能密度	$w,(u)$	焦[耳] 每平方米	J/m^3	
辐[射]功率, 辐[射]能通量,	$P,\Phi,(\Phi_e)$	瓦(特)	W	$1\text{W}=1\text{J/s}$
辐[射]出 [射]度	$M,(M_e)$	瓦[特] 每平方米	W/m^2	$\Phi=\int\Phi_\lambda d\lambda$
辐[射]照度	$E,(E_e)$	瓦[特] 每平方米	W/m^2	
辐[射]强度	$I,(I_e)$	瓦[特] 每球面度	W/sr	
辐[射]亮度, 辐射度	$L,(L_e)$	瓦[特]每球 面度平方米	$\text{W/(sr}\cdot\text{m}^2)$	$L=\int L_\lambda d\lambda$
发光强度	$I,(I_v)$	坎[德拉]	cd	$I=\int J d\lambda$
光通量	$\Phi,(\Phi_v)$	流[明]	lm	$d\Phi=I d\Omega$ $1\text{lm}=1\text{cd}\cdot\text{sr}$
光量	$Q,(Q_v)$	流[明]秒, {流[明][小]时}	$\text{lm}\cdot\text{s}$, {$\text{lm}\cdot\text{h}$}	$1\text{lm}\cdot\text{h}=3600\text{lm}\cdot\text{s}$
[光]亮度	$L,(L_v)$	坎[德拉] 每平方米	cd/m^2	该单位曾称尼 特(nt),已废除
[光]照度	$E,(E_v)$	勒[克斯]	lx	$1\text{lx}=1\text{lm/m}^2$
光出射度	$M,(M_v)$	流[明] 每平方米	lm/m^2	该量曾称为面发光度
光视效能	K	流[明] 每瓦[特]	lm/W	$K=\Phi_v/\Phi_e$
曝光量	H	勒[克斯]秒	$\text{lx}\cdot\text{s}$	

表 1-10

量的名称	符号	单位名称	单位符号	备 注
静压;(瞬时)声压	$p_s,(P_0)$	帕[斯卡]	Pa	$1Pa=1N/m^2$，过去曾用微巴
(瞬时)[声]质点位移	$\xi,(x)$	米	m	
(瞬时)[声]质点速度	u,v	米每秒	m/s	$u=\partial\xi/\partial t$
(瞬时)体积流量 (体积速度)	$U,q,(q_v)$	立方米每秒	m^3/s	$U=Su,S$ 为面积
声速,(相速)	c	米每秒	m/s	
声能密度	$w,(e),(D)$	焦[耳]每立方米	J/m^3	
声功率	W,P	瓦[特]	W	$1W=1J/s$
声强[度]	I,J	瓦[特]每平方米	W/m^2	
[媒质的声]特性阻抗	Z_c	帕[斯卡]每平方米	Pa/m^2	
声阻抗	Z_a	帕[斯卡]秒每立方米	$Pa \cdot s/m^3$	
声质量	M_a	帕[斯卡]二次方秒每立方米	$Pa \cdot s^2/m^3$	
声导纳	Y_a	立方米每帕[斯卡]秒	$m^3/(Pa \cdot s)$	$Y_a=Z_a^{-1}$
声压级 声强级 声功率级	L_P L_I L_W	贝[尔]	B	通常用 dB 为单位 $1dB=0.1B$
混响时间	$T,(T_{60})$	秒	s	
隔声量	R	贝[尔]	B	通常用 dB 为单位
吸声量	A	平方米	m^2	

1.3 物理常用数据

（1）物理和电学常数见表1-11。

物理和电学常数　　　　表1-11

名　　　称	符号	数值	SI 单位
真空介电常数（真空电容率）	ε_0	$8.854187818 \times 10^{-12}$	$F \cdot m^{-1}, A \cdot s \cdot V^{-1} \cdot m^{-1}$
真空磁导率（次常数）	μ_0	1.2566×10^{-6}	$H \cdot m^{-1}, V \cdot s \cdot A^{-1} \cdot m^{-1}$
真空中光速	c, c_0	2.99792×10^8	$m \cdot s^{-1}$
电磁波在真空中速度	c, c_0	2.99792×10^8	$m \cdot s^{-1}$
原子质量单位	u	$1.6605655 \times 10^{-24}$	g
电子［静止］质量	m_e	$0.9109534 \times 10^{-27}$	g
质子［静止］质量	m_p	$1.6726485 \times 10^{-24}$	g
中子［静止］质量	m_n	$1.6749543 \times 10^{-24}$	g
电子电荷	e	$1.6021892 \times 10^{-19}$	$C, A \cdot s$
［经典］电子半径	r_e	$2.8179380 \times 10^{-15}$	m
玻尔半径	a_0	$5.2917706 \times 10^{-11}$	m
氢原子玻尔轨道半径	r	5.292×10^{-11}	m
原子核半径	r	$1.2 \times 10^{-13} \times \sqrt[3]{原子量}$	cm
法拉第常数	F	9.648456×10^4	$C \cdot mol^{-1}, A \cdot s/mol$
玻耳兹曼常数	k	1.380662×10^{-23}	$J \cdot K^{-1}, W \cdot s \cdot K^{-1}$
斯忒藩-玻耳兹曼常数	σ	5.67032×10^{-8}	$W \cdot m^{-2} \cdot K^{-4}$
阿伏伽德罗常数	L, N_A	6.022045×10^{23}	mol^{-1}

（2）常用电磁波谱频率区段见表 1-12。

常用电磁波谱频率区段

表 1-12

频率(Hz)	应用说明	频率(Hz)	应用说明
$50/3 \sim 600$	电力，电机，电动工具	$10^9 \sim 10^{12}$	赫兹波
$600 \sim 10^4$	淬火，熔炼	$10^{12} \sim 3.7 \times 10^{14}$	红外线热辐射
$50 \sim 10^9$	感应加热	$3.7 \times 10^{14} \sim 8.3 \times 10^{14}$	可见光
$10^2 \sim 10^4$	有线电话	$8.3 \times 10^{14} \sim 3 \times 10^{16}$	紫外线
$10^3 \sim 2 \times 10^5$	无线电报	$3 \times 10^{16} \sim 10^{23}$	伦琴射线
$2 \times 10^5 \sim 2 \times 10^6$	无线电广播	$3 \times 10^{18} \sim 3 \times 10^{21}$	γ 射线
$2 \times 10^6 \sim 3 \times 10^9$	短波、超短波通信	$3 \times 10^{18} \sim 10^{24}$	宇宙线
$3 \times 10^9 \sim 3 \times 10^{11}$	微波		

2 智能建筑设备常用数据

2.1 电话通信设备

2.1.1 宽带接入技术

(1) xDSL 具体可细分为多种，它们的主要技术参数见表 2-1。

xDSL 主要技术参数　　　　　　　　　　表 2-1

代号	名称	对称性	下行速率(bit/s)	上行速率(bit/s)	线对数	传输距离(km)	简要说明
HDSL	高速数字用户线	对称	2M	2M	2 对	3.6	适用于传输窄带话音、数据、图像
SDSL	对称数字用户线	对称	160k~2M	160k~2M	1 对	3.0	又称 S-HDSL(即单线对 HDSL)
IDSL	ISDN数字用户线	对称	144k	144k	1 对	5.0	HDSL 与 ISDN 技术结合，又称无交换的 ISDN(BRI)
EDSL	以太网数字用户线	对称	12.5M	12.5M	1 对	5.0	属于下一代 DSL
ADSL	非对称数字用户线	非对称	1.5~8M	16~640k	1 对	3.6	特别适合 VOD(影视点播)、上网不需拨号，一直在线

20

代号	名称	对称性	下行速率(bit/s)	上行速率(bit/s)	线对数	传输距离(km)	简 要 说 明
G. dmt ADSL	全速ADSL	非对称	最高8M	最高1.5M	1 对	3.0	适用话音及交互式多媒体业务
G. lite ADSL	低速ADSL	非对称	64k～1.5M	32～512k	1 对	5.0	又称简化的AD-SL
RADSL	速率可调的ADSL	非对称	最高7M	最高1.5M	1 对	取决于传输速率	可根据线路质量调整带宽
VDSL	超调整数字用户线	非对称	13～55M	1.5～1.92M	1 对	0.3～1.5	上、下行速率可达到 10M,特别适用于以太网传输
Home PNA	家庭电话线组网	对称	1～10M	1～10M	1 对	0.3	在普通电话线上实现 LAN 连接,可同时传输语音和数据

（2）五种宽带接入产品，见表 2-2。

五种宽带接入产品　　　　　表 2-2

序号	设备制式及型号
一	xDSL 铜线接入
1	Hammer 1000 VDSL/ADSL IP DSLAM 交换机（VDSL 和 ADSL 混插模式） 全系列 VDSL 产品,包括: HV 1000A VDSL 调制解调器 μHammer 1008V VDSL 上行以太网交换机 Hammer 3100 VDSL 交换机
2	A 7300 Dsl(局端设备 DSLAM),可同时支持 ADSL、VDSL、HDSL、ID-SL、SHDSL

序号	设备制式及型号
3	Smart Ax MA5100 IP-DSLAM 系列产品(ADSL)
4	ZXADSL ADSL 宽带数据接入系统
5	GDT-NET 2000 型 VDSL 系统 NRS 2400-SDSL(局端),FREEWAY-10/20(远端) APOLLO 3 ADSL 调制解调器 Home-PNA V1.0
6	ADSL:Dx6512L/6524L(局端) 　　　Dx3011P、Dx3011V、Dx3111(用户端) VDSL:VE-8000 Home-PNA:MH-214M(局端)、MH-1600、MH1610(用户端)
7	DHS-3224V 型 VDSL 交换机及 DHS-304/301 型终端设备
8	D50e，DSLAM(ADSL)
9	ACCESS-ADSL/VDSL
10	BDV 1216 VDSL
11	ADSL ACCESS
12	ACCESS ADSL
13	Avias 2000 ADSL 系统
二	FTTx 光纤接入
1	ZXA10 光纤接入系统(局端 ZXOLTB,传输系统 ZAS10-PON,用户端 ONU)
2	FTTx+0512
3	FITL 系统
4	BxPON 无源光网络系统
三	HFC 接入
1	Capinfo CM94P PCI 电缆调制解调器(Cable Modem)
2	HWX 综合宽带传输通用平台
3	HFC 网络单平台

序号	设备制式及型号
四	以太网（WLAN）接入
1	WaVe LAN 无线局域网系列产品
2	LEDR 系列无线局域网系列产品
3	ORiNOCO 网桥 AP-2000
4	WLAN 系列产品： 无线接入控制器（AC） S6222 无线接入点（AP） S6222-E 无线接入路由器 S6220 PCM CIA 无线网卡 S6221 USB 无线网卡 室外网桥及各种天线 集中网管 WLAN Manager
五	无法接入
1	R2000 AIRSUN 宽带无线多业务接入系统 R2000 ACCESS OFDM 宽带无线 IP 接入系统 R3000 LMDS 宽带无线全业务接入系统
2	7390 LMDS 系统
3	MISI-LINK BAS-LMDS 系统
4	ZXBWA-3E MMDS(3.5GHz)宽带无线接入系统 ZXBWA-3A LMDS(26GHz)宽带数据接入系统
5	TelLink PMP LMDS 系统
6	数字及双向 MMDS 宽带无线接入系统
7	CB-ACCESS 宽带无线接入系统

2.1.2 电话通信设备选型

选择设备的基本条件见表 2-3。

2.1.3 电话通信设备的型号、技术数据

1. 程控用户交换机

（1）程控用户交换机容量见表 2-4。

选择设备的基本条件   表 2-3

服务对象 / 设备容量或规模 / 设备种类	大厦	居住区		住宅小区		住宅组团	
		面积 (×10⁴m²)	人口 (万)	面积 (×10⁴m²)	人口 (万)	面积 (×10⁴m²)	人口 (万)
		5～10	3～5	0.7～1.5	0.7～1.5	1 以下	0.1 以下
程控交换机	每房间 1 门①	大容量型 (1000 门以上)		中容量型 (250～1000 门)		小容量型 (250 门以下)	
程控调度通信设备	根据集团性质决定②						
会议电话设备	根据集团性质决定③						

① 考虑到可能出现一房多点的情况，容量可适当增加。

② 对大型企业可装用多台调度电话系统，按多点辐射式组成二级调度网；对于小型企业可安装一套调度电话系统按单点辐射式组成一组调度网。

③ 会议电话数，对大型企业可为 100～180；对中型企业可为 50～100；对小型企业可为 5～50。

程控用户交换机容量系列   表 2-4

容 量 系 列	各档容量门数
小容量型	250 门以下
中容量型	250～1000 门
大容量型	1000 门以上

（2）空分程控用户交换机型号见表 2-5。

空分程控用户交换机   表 2-5

序号	设备制式及型号	容 量
一	HJD-1696 机型	96 门
1	HJD-1696	—
2	HJD-06	
3	JKJ-1	—

序号	设备制式及型号	容 量
4	YT-1696	—
5	DKFW-1696	—
6	96JKQ	—
7	HJD-16	—
8	HJD-35	—
9	SW-96	—
二	BH-01	—
1	BH-01	40/80 门
2	JKQ-4	—
3	BH-03	—
4	JKZ-2	—
5	HJD05	—
6	KCJ40-Ⅰ	—
7	JKQ-7	—
8	CJ-40/80	—
9	ZTD-40/80	—
10	HJD-13	—
11	BG-01G	40/80/136 门
三	HAX-100 系列机型	111~399 门
1	HAX-100	—
四	其他机型	—
1	BH-01Ⅱ	80~480 门
2	JM-512	128~512 门
3	BCAX12SB	96~384 门

序号	设备制式及型号	容 量
4	CFC-64/128	64～128 门
5	HJD-02	224 门
6	HKX-100	112 门
7	HJD-25	112 门
8	JKT-20	256 门
9	HJD-200	200 门
10	HPS	32/60 门、112/216 门
11	HJD-26	160 门
12	HJD-100	32/64/96 门
13	PBX-100B	96 门
14	CS-A	32/64/96 门
15	JKQ-3	96 门
16	JMQ-294	240 门
17	JCKY-100	32/84 门
18	ETD-240	240 门
19	ETD-1264	64 门
20	ZX-60	60 门
21	JKQ-1	112/244 门
22	JK-1	32/64 门
23	KQJ3264	32/64 门
24	HJZ32/64	32/64 门
25	SDH-01	54 门
26	STJ-1064	64 门
27	TL-64	64 门

序号	设备制式及型号	容 量
28	HJD-1264	64 门
29	DTE-636	36 门
30	HJD-20	24 门
31	SW-424	24 门
32	DKFW-424	24 门
33	HJD-424	24 门
34	HTW-424	24 门
35	HJD80	80/256 门（按机箱叠加，每机箱 40 门，机箱外形尺寸为长×高×深＝60mm×20mm×40mm）
36	HJD256	256(384)门

（3）数字程控用户交换机型号见表 2-6。

数字程控用户交换机　　　表 2-6

设备制式及型号	容量	主要功能及特点
HJD04-RM	2000 门	具有用户机和局用机的功能,既可用于企事业单位,也适用于专网联网,具有环路中继及数字中继接口
PBX30	80～4000 门	具有用户机和局用机的功能,既可用于企事业单位,也适用于专网联网,具有环路中继及数字中继接口。大容量时可直接通过光纤入网
EXJ2000A	200～2500 门	适用于大中型企事业单位及各类专用通信网,具有数字、载波、实线、环路、E/M、DID 等中继接口
EAST-8000	2000 门	适用于大中型企事业单位及各类专用通信网,具有数字、载波、实线、环路、E/M、DID 等中继接口

设备制式及型号	容量	主要功能及特点
JSQ-31	120~4096 门	进网方式：DOD1＋DID、DOD2＋BID、DOD1＋DID＋BID
JSY2000-18	120~2400 门	进网方式：DOD1＋DID、DOD2＋BID、DOD1＋DID＋BID
JSY2000-20	120~2400 门	进网方式：DOD1＋DID、DOD2＋BID、DOD1＋DID＋BID
JSQ-1	128~2326 线	进网方式：DOD1＋DID、DOD2＋BID、DOD1＋DID＋BID
PDS-800	1024 线	进网方式：DOD1＋DID、DOD2＋BID、DOD1＋DID＋BID
MSX	100~2000 线	进网方式：DOD1＋DID、DOD2＋BID、DOD1＋DID＋BID
MD110	90/40(20)可达 10000 线	进网方式：DOD1＋DID、DOD2＋BID、DOD1＋DID＋BID
SOPHO-S	50/100/250/ 1000/2500 线	进网方式：DOD1＋DID、DOD2＋BID、DOD1＋DID＋BID
HARRIS20-20	单机可达 2000 线	进网方式：DOD1＋DID、DOD2＋BID、DOD1＋DID＋BID
ISDX	可达 10000 线	进网方式：DOD1＋DID、DOD2＋BID、DOD1＋DID＋BID
MSL-1	单机可达 7000 线	进网方式：DOD1＋DID、DOD2＋BID、DOD1＋DID＋BID
HICOM300	可达 10000 线	进网方式：DOD1＋DID、DOD2＋BID、DOD1＋DID＋BID
SSU-2	单机可达 800 线	进网方式：DOD1＋DID、DOD2＋BID、DOD1＋DID＋BID
SCX-1200	可达 1344 线	进网方式：DOD1＋DID、DOD2＋BID、DOD1＋DID＋BID

设备制式及型号	容量	主要功能及特点
UXE	64/128/192 线	进网方式：DOD1＋DID、DOD2＋BID，DOD1＋DID＋BID
HSJ-256	256 线	进网方式：DOD1＋DID、DOD2＋BID，DOD1＋DID＋BID
HJC-SDS	256～512 线	进网方式：DOD1＋DID、DOD2＋BID，DOD1＋DID＋BID
ZX-500	512 线	进网方式：DOD1＋DID、DOD2＋BID，DOD1＋DID＋BID
JS-1248	48 线	进网方式：DOD1＋DID、DOD2＋BID，DOD1＋DID＋BID
HJD-28	512 线	进网方式：DOD1＋DID、DOD2＋BID，DOD1＋DID＋BID

2. 程控调度通信设备（表 2-7）

程控调度通信设备型号一览表　　　表 2-7

型号及设备参数	基本功能	其他功能及数据					
		主控部分	调度席位	调度机与主机距离	交换容量	会议路数	其　他
WT-9401D 数字调度指挥系统	√	采用专用 ASIC	15	5km	—	32 方	交换网为 1k 容量具有 2B＋D、30B＋D、LS、E/M 等中继接口，支持 No.1/No.7 信令
DAWN-2000 系列全数字程控调度系统	√	486D×2	1～7	—	—	—	—
ASI256 数字智能调度系统	√	—	—	—	—	—	ISDN 数据处理遥测遥控

型号及设备参数	基本功能	其他功能及数据					
		主控部分	调度席位	调度机与主机距离	交换容量	会议路数	其　　他
GD-100 数字程控指挥系统	√	—	—	—	—	—	多种色标指示呼叫状态遥测遥控
DF 系列 S 型数字程控调度通信系统	√	模块化设计	—	—	—	—	数据终端进行各种非话业务
ZKD-900 系列多媒体数字程控调度通信系统	√	分散控制总线结构,386 工控机,双机双网热备份	8	2km	30～640门	30方	多媒体数字录音遥测遥控
DGZ-2 型程控调度系统	√	双机双网热备份	—	—	—	—	—
YWS-300d 型全智能数字程控调度系统	√	—	—	光纤通道	—	—	—
LD892 型程控调度监视系统	√	双机双电源	—	—	—	—	故障诊断双灯显示
TPCE-256 数字程控调度交换机	√	—	8	2km	—	8组每组16用户	—
LG-200A 数字时分程控调度总机	√	—	—	—	—	—	有/无线转接、自动录音
GSK-1 数字程控调度机	√	—	—	—	—	—	—
HG 系列程控通信调度机	√	中央 CPU 集中控制	—	—	—	—	—

型号及设备参数	基本功能	其他功能及数据					
		主控部分	调度席位	调度机与主机距离	交换容量	会议路数	其　他
DH-905 系列数字程控调度机	√	模块化设计双备份集中控制 CPU、电源	—	—	—	—	—
HJD48-256 Ⅱ型程控交换调度机	√	CPU、电源双备份	—	—	—	—	—
CL-89H 程控调度通信设备	√						双灯 8 芯声光显示
SDL 系列程控调度交换机	√	模块化设计 CPU、电源、双备份	—	—	—	—	—
DZ01 型综合会议调度系统	√	多功能智能控制平台,硬、软件模块化设计	—	—	—	—	具备用户交换机及部分局向交换机功能,200 号功能,能够动态实时的修改用户端口属性柜式结构,高×宽×深＝1200mm×650mm×600mm

3. 会议电话设备 (表 2-8)

会议电话设备型号　　　　表 2-8

型号及设备名称	基本功能	其他功能及数据		
		接口种类	会议电话路数	其他
HDJ-S 数字时分程控会议电话汇接系统	√	数字、自动 2 线用户、4 线载波中继、环路中继	180	内、外部录音

型号及设备名称	基本功能	其他功能及数据		
		接口种类	会议电话路数	其他
HDJ-D 通用型会议电话汇接机	√	自动 2 线用户、4 线载波中继	5、10、15、20、30、40	—
HDJ-C 电脑型会议电话汇接机	√	自动 2 线用户、4 线载波中继	20～50	附有 117、121、123、170 等增值业务功能
DF-18 多功能会议电话终端机	√	自动 2 线用户、4 线载波中继	—	集自动（共电）电话机、会议调度电话分机、录音性能于一体
数字会议电话汇接机	√	—	—	—
JHJ25 型数字电话会议汇接机	√	数字、自动 2 线用户、4 线载波中继、环路中继	—	具有调度机和智能人工接续台功能台式计算机结构

2.2 电视监控设备

2.2.1 摄像设备的选择

（1）相对应的主要失真容限见表 2-9。

应用监视电视系统主要失真容限 表 2-9

指标项目	指 标 值	
	黑白电视系统	彩色电视系统
随机信噪比(dB)	37	36
单频干扰(dB)	40	37
电源干扰(dB)	40	37
脉冲干扰(dB)	37	31

（2）系统技术指标见表 2-10。

系统的技术指标　　　　　　　　表 2-10

指标项目	指标值
复合视频信号幅度	$1V_{p-p}\pm dB$
黑白电视水平清晰度	400 线
彩色电视水平清晰度	270 线
灰度	8 级①
信噪度	37dB②

① 在系统测试过程中，可允许调整监视器的对比度和亮度达到最佳状态。
② 此项测试是在系统处于正常工作的情况下进行。

（3）系统各部分信噪比指标分配见表 2-11。

应用监视电视系统各部分信噪比指标分配表　　表 2-11

指标项目　　指标值　分配部分	连续随机信噪比(dB)
摄像部分	40
传输部分	50
显示部分	56

（4）5 级损伤制评分表见表 2-12。

5 级损伤制评分表　　　　　　表 2-12

图像等级	图像质量损伤主观评价
1	极严重,不能观看
2	较严重,令人相当讨厌
3	有明显察觉,令人感到讨厌
4	可觉察,但并不令人讨厌
5	不觉察

（5）照度与选择摄像机的关系见表 2-13。

照度与选择摄像机的关系　　　表 2-13

监视目标的照度	对摄像机最低照度的要求（在 F/1.4 情况下）
50lx	≤1lx
50～100lx	≤3lx
＞100lx	≤5lx

（6）一般画面的典型照度见表 2-14。

一般画面的典型照度　　　表 2-14

照度(lx)	$3×10^4$～$3×10^5$	$3×10^3$～$3×10^4$	$5×10^2$	5	$3×10^{-2}$～$3×10^{-1}$	$7×10^{-4}$～$7×10^{-3}$	$2×10^{-5}$～$2×10^{-4}$
光线举例	晴天	阴天	日出/日落	曙光	月圆	星光	阴暗的晚上

2.2.2　国内主要定型产品技术数据

1. 摄像机

摄像机技术数据见表 2-15。

摄像机技术数据　　　表 2-15

名　称	型　号	主要性能
(2/3)in 黑白摄像机	SGB-11V	3lx，−25～+55℃
(2/3)in 黑白摄像机	SGB-11N	0.3lx，−25～+50℃
(2/3)in 黑白摄像机	SGB-12	0.4lx，−25～+55℃
(2/3)in 黑白摄像机	SGB-13	0.23lx，−25～+55℃
(2/3)in 黑白摄像机	SGB-09	—
(2/3)in 黑白摄像机	4GS16	—
摄像机	SG-2D	—
(2/3)in 黑白摄像机	SXH-18	5lx
(2/3)in 黑白摄像机	SXH-18G	0.5lx
(1/2)in 黑白摄像机	GS-1801	0.02lx
黑白摄像机	TZ56470	
(2/3)in 黑白摄像机	DUC20V	
(1/2)in 黑白摄像机	GS-1	水平清晰度 450TVL，S/N46dB
(1/2)in 黑白摄像机	GS-20T	水平清晰度 380TVL，S/N50dB
(1/2)in 黑白摄像机	GS-24T	水平清晰度 380TVL，S/N50dB
(1/2)in 黑白摄像机	GS-24T	水平清晰度 380TVL，S/N50dB

名　称	型　号	主 要 性 能
(2/3)in 黑白摄像机	SXD	—
(2/3)in 黑白摄像机	SXD-1	—
黑白摄像机	SXC-901	—
(2/3)in 黑白摄像机	HSX-5A	AC220V
(2/3)in 黑白摄像机	HSX-5B	AC24V
(2/3)in 黑白摄像机	HSX-6	AC220V
(1/2)in 黑白摄像机	HSX-9A	AC220V
(1/2)in 黑白摄像机	HSX-9B	AC24
(1/2)in 黑白摄像机	HSX-9D	DC12V
(2/3)in 黑白摄像机	SG-1410	
(2/3)in 黑白摄像机	SG-1550	低照度
(1/2)in 黑白摄像机	SG-1011	低照度
(1/2)in 黑白摄像机	SG-1910	—
黑白摄像机	SXH-1	—
高灵敏度黑白摄像机	SXH-2	—
高清晰度黑白摄像机	SXH-3	—
彩色摄像机	SXC-1	—
(2/3)in 彩色摄像机	SGC-1	10lx,-10～+50℃
(1/2)in 黑白摄像机	DSG-1	水平清晰度 330TVL,S/N46dB
(2/3)in 黑白摄像机	DS-D-2 DS-D-5（两种）	—
(2/3)in 交直流黑白摄像机	DS-D-4	
(1/2)in 防爆摄像机	KJDX-2-D	应用于防爆环境中摄像
(2/3)in 甲烷遥测摄像机	DSJ-1	应用于防爆环境中摄像并 可监测甲烷含量

2. 监视器

监视器技术数据见表 2-16。

监视器技术数据　　　　表 2-16

名　称	型号	主 要 性 能
4.5in 黑白监视器	J-11A	—
14in 黑白监视器	J-35A	—
17in 黑白监视器	J-44A	—
20in 彩色监视器	CJ-20	—

名　　　称	型号	主 要 性 能
12in 黑白监视器	4GJ7	—
12in 监视器	4GJ12	高清晰度
9in 黑白监视器	4GJ17	高清晰度
9in 黑白监视器	4GJ16	带报警控制
9in 黑白监视器	4GJ16A	带报警,六路切换
17in 黑白监视器	4GJ5	
23cm 黑白监视器	J323-1	视频终端显示 $\left\{\begin{array}{l}50\mathrm{Hz}\\220\mathrm{V}\end{array}\right\}$
23cm 黑白监视器	J323-2	电视跟踪用 $\left\{\begin{array}{l}400\mathrm{Hz}\\115\mathrm{V}\end{array}\right\}$
23cm 黑白监视器	J323-2B	望远电视用 $\left\{\begin{array}{l}50\mathrm{Hz}\\220\mathrm{V}\end{array}\right\}$
35cm 黑白监视器	HXJ35-1T	医用 X 线电视用 $\left\{\begin{array}{l}50\mathrm{Hz}\\220\mathrm{V}\end{array}\right\}$
12in 黑白监视器	JS23-Ⅰ	$-10\sim+40℃$水平清晰度大于 600 线
12in 黑白监视器	JS31-Ⅱ	$-10\sim+40℃$水平清晰度大于 800 线
12in 精密黑白监视器	JSJ31	$-10\sim+40℃$水平清晰度不低于 1000 线
14in 高清晰度彩色监视器	CTS37-G	中心清晰度 700 线
31cm 黑白监视器	31JS-3	高分辨率
14in 监视器	NSJ-5A	—
9in 黑白监视器	SG-5230	—
14in 黑白监视器	SG35-1	—
17in 黑白监视器	SG5440	—
35cm 黑白监视器	945	—
黑白监视器	DUG35-1	—
黑白监视器	DUG44-1	—
黑白监视器	WDS-8	—

名　称	型号	主　要　性　能
9in 黑白监视器	YJ23-1	水平分辨率:800TUL,几何失真:≤2%
黑白监视器	31JS-1	塑壳
黑白监视器	35JSC-2	塑壳、高分辨力
黑白监视器	35JS-3	金属壳
黑白监视器	35JSC-1	金属壳;高分辨力
全制式彩色监视器	51JSCQ-1	PAL,SECAM,NTSC(4.43,3.58) 自动转换

3. 控制器

控制器技术数据见表 2-17。

控制器技术数据 表 2-17

名　称	型号	主　要　性　能
控制器	CCK1601	—
译码驱动器	CCY1601	—
五路控制器	SG-Ⅰ	—
四路控制器	SG-Ⅲ	—
十路数码控制器	SG-Ⅳ,SG-ⅣA	遥控距离>5km
八路控制器	KZ-Ⅱ	自动循环,电子切换,内含字符
应用电视微机控制器	CCTS-1628	可遥控 16 台摄像机,二级调度
中继器	ZQ-1	远距离控制
报警控制器	BK-1	报警灵敏度不大于 90mV
微机控制器	SWK-1	视频 8 入 4 出可扩展
闭路电视系统智能键盘	SZJ-1	多种自动操作方式,三级优先, 与 SEK-1 配用
闭路电视系统终端 译码器	SZY-1	与 SWK-1 配用
单片微机多工控制器	SDD-1	控制 8 台摄像机

名　称	型号	主要性能
云台控制器	4GK1	自动、手动、扇扫
摄像机控制	4GK2、K3、K9	全功能控制
微机控制系统	4GK5、K8	全功能控制
单电缆双向传输控制器	SG-3210	小型系统
微机图像监控台	SG-3001	中大型系统
微机控制器	NST-4	—
微机控制器	NST-6	—
程控视频切换器	AVS-82	16、32 路入/2 路出　叠加字符　自动告警
微机控制器	JZKZ-8	控制 8 路
微机控制器	JZKZ-16	控制 16 路
二级控制器	JZKZ-8(16)A	JZKZ-8 及 JZKZ-16 的上级控制
二级微机控制系统	WYK-C 型	
微机遥控操作器	WYK 型	—
遥控操作器	YKG-7	—
遥控操作器	YKG-8	—
遥控操作器	YKG-9	—
单路直接控制器	SCC-4610A	短距离
单路控制器	SCC-4610B	长距离
八路转台控制器	SCC-4670	短距离
六路控制器	SCC-4030	长距离
视频切换器	SCC-6130	8×1
中心控制台	SGC-3	
编码控制器	SGC-1	单电缆遥控传输
解码器	JMQ-1	单电缆遥控传输
切换器	SC-3110 六路	时序
切换器	SC-3210 十二路	时序

名 称	型号	主 要 性 能
视频切换器	SC-3120	硬切
视频切换器	SC-3121	硬切
直接遥控器	SC-5010	—
远程遥控器	SC-5110	—
中继器	SC-5120	远程遥控 AC24V
选择器	SC-5130	遥控扩展
AC24V 电源	SC-5940	与 SC-5010 配套
终端控制器	WD-1B	—
终端控制器	WDW-1B	—
终端控制器	WD-100B	—
切换器	WDQ-1	自动切换
切换器	WDQ-2	微机控制
视音切换	KSY-Ⅱ	—
视音频切换器	GK2104	4 切 1
视频音频切换器	GK2104A	
视频音频切换器	GK2108	8 切 2
视频音频切换器	GKF-2204	4 切 2
视频音频切换器	CCP4201	—
时序切换器	SXQ-1	
自动控制器	ZK1	自动光圈,聚焦处理,与 WDW 系列操作台配套
视音频切换器	JZSQ-1	4×1
视频切换器	JZSQ-8	8×1(数码遥控)
视频切换器	JZSQ-16	16×1(数码遥控)
解码器	JZJM-8(16)	控制信号解码
视频切换器	SQ-B10	10 路输入/2 路输出
顺序切换器	SSQ-1A,SSQ-1B,SSQ-1C	6,10,18 路自动切换

名　　称	型号	主 要 性 能
自动报警顺序切换器	SBQ-1	10 路视频
控 制 器	KDP-8	8×1
8900 系列微机应用电视报警控制器	KWJ-1,KWP51 KWZ-4,KWZ-5 KWPZ-1,KWPX-1	64 个摄像机控制,可实现一级,二级, 三级优先控制功能
组合式应用电视控制系统	ZK 型	最大控制摄像机路数达 128 个,控制 级数为三级,并有优先级控制功能

4. 电视镜头

电视镜头技术数据见表 2-18。

电视镜头技术数据　　　　　表 2-18

名　　称	型　　号	主 要 性 能
定焦镜头	GDS-4	通用型
定焦镜头	GDS-4.8	通用型
定焦镜头	GDS-5.5	通用型
定焦镜头	GDS-5.5C	通用型
定焦镜头	GDS-8F	通用型
定焦镜头	GDS-16D	通用型
定焦镜头	GDS-16C	通用型
定焦镜头	GDS-25E	通用型
定焦镜头	GDS-35B	通用型
定焦镜头	GDS-50E	通用型
自动光圈摄像镜头	GDS-8EE	通用型
自动光圈摄像镜头	GDS-16EE	通用型
自动光圈摄像镜头	GDS-6.5EE	通用型
自动光圈摄像镜头	GDS-4.8EE	通用型
变焦镜头	GDB-8.5×8	通用型
变焦镜头	GDB-12×6B	通用型

名　　称	型　　号	主　要　性　能
变焦镜头	GDB-11×6	通用型
变焦镜头	GDB-10×10	通用型
变焦镜头	GDB-11.5×10	通用型
变焦镜头	GDB-18×10	通用型
变焦镜头	GDB-30×10	通用型
微光镜头	GDW-30	微光摄像
X光镜头	GDX-33.5C	X光摄像
X光镜头	GDX-67C	X光摄像
X光镜头	GDX-50C	X光摄像
X光镜头	GDX-65C	X光摄像
特种镜头	341F-300	通用型
特种镜头	341F-350	通用型
特种镜头	341F-500	通用型
手动光圈镜头	H612A	通用型
手动光圈镜头	H1212A	通用型
手动光圈镜头	C1614	通用型
手动光圈镜头	C1616	通用型
手动光圈镜头	B2518	通用型
自动光圈镜头	H614AHX	通用型
自动光圈镜头	H1214CHX	通用型
自动光圈镜头	H416EX-2	通用型
自动光圈镜头	H612AEX-2	通用型
自动光圈镜头	H1212AEX-2	通用型
自动光圈镜头	B2514CES-4	通用型
自动光圈镜头	B5081AES-4	通用型
六倍摄像遥控变焦距镜头	SY6×15/2.5	15～90mm,1∶2.5,ϕ11,M35×0.75

名　　称	型　　号	主 要 性 能
六倍摄像遥控变焦距镜头（自动光圈）	SY6×11/1.7	11～66mm,1：1.7,$\phi11$,M35×0.75
十倍摄像遥控变焦距镜头	SY10×12/2.2（交直流电源，自动光圈）	12～120mm,1：2.2
十倍摄像遥控变焦距镜头	SY10×30/4（自动光圈）	30～300mm,1：4
二十倍摄像遥控变焦距镜头	SY20×25/5.6（自动光圈）	25～500mm,1：5.6
广角摄像镜头	S5.5/3	5.5mm,1：3
广角摄像镜头	S7.8/1.4	7.8mm,1：1.4
摄像镜头	S16/1.6（可调光圈）	16mm,1：1.6
摄像镜头	S35/1.4	35mm,1：1.4
摄像镜头	S35/1.4（自动光圈）	35mm,1：1.4
摄像镜头	S(100,150,300,2000)/2.5～11	100mm,150mm,300mm,2000mm
高温针孔摄像镜头	S20/5.6	20mm,1：5.6
小针孔定焦镜头	S6.5/3.5	6.5mm,1：3.5
X光摄像镜头	S50/0.75,S65/0.97	$\phi18,\phi22$
红光锗镜头	HJ-1	f15～150,1：1～1：2

5. 云台

云台技术数据见表 2-19。

云台技术数据　　　　表 2-19

名　　称	型　　号	主 要 性 能
电动云台	4SYT6	固定
电动云台	4DYT	室内型 3.6kg、5kg、8kg
电动云台	4DYT	室外型 20kg
5kg 云台	YT-I	水平 320°、垂直 90°

名　称	型　号	主 要 性 能
5kg 云台	YT-Ⅱ	无回差、无惯性　水平 320° 垂直 90°
25kg 云台	YT-25 型	水平 300°、−40～+40、 垂直 90°
水平遥控云台	YT-7220	室内
遥控云台	YT-7230	室内
遥控云台	YT-7270	室外
室内用云台	SCC-600	负载 6kg
室内用云台	SCC-800	负载 8kg
通用云台	-SCC-1500	负载 15kg、室内外通用
室外用云台	SCC-2500	负载 25kg
电动云台	YT-1	—
室内云台	SC-5521	AC24V
室内云台（水平）	SC-5540	AC24V
室内云台	SC-5550	AC24V
室外云台	SC-5530	AC24V
手动云台	WD-YT3	—
水平云台	WD-YT-4	—
室内电动云台	WD-YT-1	—
全天候电动云台	WD-YT2-2	—
室内云台	JZXT-1	—
5kg 电动云台	SYT-1	水平 320°、垂直 90°
室内电动云台 8kg	DYT8-6/2	水平 270°、垂直±45°、 噪声＜50dB
全天候云台	DYT25-6/3.8	—
防爆云台	DYT25-6/3.8EX	—
全天候云台	DYT15-6/3	—
电动云台	DYT6-6/3	室内型
电动摇摆器	DYT3-6	室内型

6. 音频视频分配器、电缆补偿器

音频视频分配器、电缆补偿器技术数据见表 2-20。

音频视频分配器、电缆补偿器技术数据　　表 2-20

名　　称	型　　号	主要性能
视频分配器	FS-Ⅰ 4×4	—
视频分配器	FS-ⅡA3×6	—
视音频分配器	FSY-Ⅰ	2×4
视音开关	KSY-Ⅰ	8×1
视音开关	KSY-Ⅱ	8×1
脉冲分配器	FPM-1	—
视音分配器	SF-6	—
视频放大器	SCC-7110	电缆补偿
视频分配器	SCC-6210	1×4
视频音频分配器	SF-40	1×4
视频分配器	SG-804	—
视频补偿器	SG-803	—
视频分配器	4GF 系列,2,3,4,5	—
视频分配器	SF-2	1 进 5 出
视频补偿器	SB-2	—
视频分配器	SC-3300	1 进 6 出、2 进 3 出
脉冲分配器	SC-3320	1 进 6 出、2 进 3 出
电缆补偿器	SC-3330	6MHz,42dB
视频分配器	SSP-2	2×3 或 1×6
视频分配器	SSP-3	4×4 或 1×16
电缆补偿器	SDB-1	500~2800m,四档补偿
远距离视频处理器	WD-S-1	—
视频分配器	WD-S-3	—
音频分配器	WD-S-10	—
视频、音频分配器	JZSP-26	1×6

44

名　　　称	型　　号	主 要 性 能
视频补偿器	JZSB-1	—
电缆校正器	SDL-1	—
视频分配器	SF-2	—
三路视频传输均衡器 （收端）（发端）	TS-2	—
单路视频传输均衡器	TF-1	—
视频分配放大器	CF-2	1×3 共两路
电缆补偿器	CDP-2	500～2800m 补偿

7. 防护设备

防护设备技术数据见表 2-21。

防护设备技术数据　　　　　表 2-21

名　　　称	型　　号	主 要 性 能
防雨密封外壳	KYM	—
塑料密封外壳（带风扇）	KSM	适用于室内防尘环境
水冷外壳	SL-Ⅰ	40～70℃
风冷外壳	FL-Ⅰ	—
低温防霜外壳	DW-Ⅰ	-50～$+45$℃
风冷防尘罩	ZFC 型	强制风冷
水冷防尘罩	ZSC-1,ZSC-2	强制风冷
室内罩	ZSN,ZSN-1	自然风冷
室外罩	ZSW	强制风冷带刮雨,导电玻璃,加热器
全天候摄像机护罩	SCC-5210	—
室内摄像机护罩	SCC-5110	适用定焦镜头
室内摄像机护罩	SCC-5120	适用变焦镜头
室内防尘罩	JZSHQ-10	—

名　称	型　号	主要性能
全天候防尘罩	JZQF-1	—
室内防尘罩	SC-6101	—
室内防尘罩	SC-6102	—
全天候摄像机罩	SC-6200	—
防尘罩	WD-F-1	—
风冷防护罩	WD-F-2	带温控风扇
室外防护罩	WD-F-3	带温控,隔热装置
全天候防护罩	WD-F-4	—
风冷防护罩	XS-J-1	适用高温
水冷防护罩	XS-J-2	适用高温
全天候防护罩	SXC-4	—
室外防护罩	SWZ-1	$-15\sim45℃$
全天候室外防护罩	QF-1	$-40\sim40℃$
半导体制冷防护罩	SBC-1	$0\sim80℃$
井下防潮防腐防护罩	GF-1	氯离子浓度 500mg/L $-20\sim50℃$
水冷防护罩	SSL-1	$5\sim200℃$
风冷防护罩	SFL-1	$0\sim60℃$
摄像机防护装置	FZ-7130	室内
摄像机防护装置	FZ-7160	室外(带雨刷)
摄像机高温防护装置	FZ-7610	高温
全天候机箱	XQ-2	—
防腐机箱	XF-1	—
全天候机箱	CH-07	—

2.2.3 国外典型产品及技术参数

1. 彩色摄像机

彩色摄像机典型产品技术参数见表 2-22。

彩色摄像机技术参数　　　　表 2-22

说明 ＼ 型号	SSC-DC30P/DC38P(数字)	SSC-DC14P/DC18P(数字)	SSC-C370P	SSC-C108P
感光器件	1/2in 行转移 Hyper HAD CCD	1/3in 行转移 Hyper HAD CCD	1/2in 行转移 Hyper HAD CCD	1/3in 行转移 Hyper HAD CCD
像素 (H×V)	752×582	752×582	752×582	500×582
同步系统	DC30P:内锁或外部视频 DC38P:内锁或外部视频或交流电源锁相	内锁或交流电源锁相外同步	内锁或外部视频	交流电源锁相外同步
镜头接口	C 或 CS 型	C 或 CS 型	C 型	C 或 CS 型
水平分辨率	470 电视线	470 电视线	470 电视线	330 电视线
最低照度	0.7lx(F0.75), 0.81lx(F0.8), 1.9lx(F1.2, AGC ON)	0.6lx(F0.75), 0.7lx(F0.8), 1.5lx(F1.2, Turbo AGC ON)	1.0lx(F0.75), 1.1lx(F0.8), 2.5lx(F1.2, AGC ON)	0.4lx(F0.8), 1.9lx(F1.2, Turbo AGC ON)
轮廓增强	3 行	3 行	3 行	3 行
信噪比	48dB (AGC OFF)	50dB(WEIGHT ON, AGC OFF)	48dB (AGC OFF)	52dB(WEIGHT ON, AGC OFF)
电子快门速度(s)	1/50,1/120, 1/250,1/500, 1/1000,1/2000, 1/4000,1/10000	—	1/50,1/120, 1/250,1/500, 1/1000,1/2000, 1/4000,1/10000	—
CCD 光圈控制	ON/OFF 可选	ON/OFF 可选	ON/OFF 可选	ON/OFF 可选
电源要求	DC30P:1)与 YS-W150P/W250P 复用(DC24V) 2)DC12V, 由 DC12V 电源适配器提供 DC38P:AC220～240V,50Hz	DC14P:AC24V DC18P:AC220～240V,50Hz	1)与 YS-W150P/W250P 复用 (DC24V) 2)DC12V, 由 DC12V 电源适配器提供	AC220～240V,50Hz

说明＼型号	SSC-DC30P/ DC38P(数字)	SSC-DC14P/ DC18P(数字)	SSC-C370P	SSC-C108P
质量(g)	DC30P:620 DC38P:1100	DC14P:550 DC18P:770	660	760
尺寸 (宽×高× 深)(mm)	DC30P:160× 57×64 DC38P:195× 57×64	141× 57×70	164.9× 57×64	141×57×70
安全标准	DC38P:TUV	DC18P:TUV	—	TUV

2. 黑白摄像机

黑白摄像机典型产品技术参数见表 2-23。

黑白摄像机技术参数　　　　　　　表 2-23

说明＼型号	SSC- M370CE	SSC- M350CE	SSC- M257CE	SPT- M308CE	SPT-M102CE/ M108CE
感光器件	1/2in 行转移 Hyper HAD CCD			1/3in 行转 移 CCD	1/3in 行转移 Hyper HAD CCD
像素($H×V$)	752×582	500×582		752×582	500×582
同步系统	内锁或外部视频锁相		外部视频或交流电 源锁相		M102CE:内锁 M108CE:交流电 源锁相
镜头接口	C 型		C(需适配 器)或 CS 型	C 或 CS 型	
水平分辨率	570 电视线	380 电视线		570 电视线	380 电视线
最低照度	0.12lx(F0.75),0.13lx(F0.8), 0.3lx(F1.2,AGC ON)			0.12lx (F0.75), 0.3lx (F0.8), 0.5lx (F1.2)	0.04lx(F0.8), 0.1lx(F1.2)

说明 型号	SSC-M370CE	SSC-M350CE	SSC-M257CE	SPT-M308CE	SPT-M102CE/M108CE
信噪比	50dB(AGC OFF)	48dB(AGC OFF)		45dB(AGC OFF)	
电子快门速度(s)	1/50,1/120,1/250,1/500,1/1000,1/2000,1/4000,1/10000	不适用			
CCD 光圈控制	ON/OFF 可选		8级,ON/OFF可选	ON/OFF 可选	
电源要求	1)与 YS-W150P/W250P 复用(DC24V) 2)DC12V,由 DC12V 电源适配器提供	AC220V,50Hz	AC220~240V,50Hz	M102CE:DC12V,由 DC12V 电源适配器提供 M108CE:AC220~240V,50Hz	
重量(g)	660	970	700	M102CE:300 M108CE:700	
尺寸(宽×高×深)(mm)	164.9×57×64	160×54×64	179.5×53×50	M102CE:132.5×53×50 M108CE:178.5×53×50	
安全标准	—	TUV(VDE0860)SEMKO,DEMKO NEMKO,EISEV(IEC65)		TUV	M108CE:TUV

2.3 防盗报警设备

2.3.1 红外线探测器设备型号、参数及使用说明

红外线探测器设备型号、参数及使用说明见表 2-24。

红外线探测器设备型号、参数及使用说明　　表 2-24

型号	品名、技术参数及使用说明
6155-N	标准型红外线,探测范围 11.4m
6155	标准型红外线,探测范围 13.7m
6155CT-N	低温型红外线,探测范围 13.7m,温度范围：－40～＋50℃
6255-W	7.6m 标准型红外线探测器
6351-W	9m×9m 标准红外线探测器,家用级
6353-W	流线型标准型红外线,探测范围 10.7m
AP669	双红外,360°吸顶式红外线,探测范围直径 18m,常开输出
PR361	360°吸顶式红外线,探测范围直径 15.2m
RTE1000	红外线自动门感应器,内置蜂鸣器,12V 或 24V 供电
AP669RK	AP669 嵌入式安装套件
BR601	AP633/AP643 用旋转支架(吸顶式安装或墙装)
SB01	AP475/AP750M/AP950M 用旋转支架(吸顶式安装或墙装)
CM361	PR361 用支架
6179-N	红外线自动开关,12V/24V 交直流两用,单刀双掷定时器 0～99s 可调
ECD277WS-W	277V 墙壁开关,可调节定时器,白色
6070-N	红外线探测器安装瞄准镜

2.3.2 门磁开关系列控制设备型号及参数

门磁开关系列控制设备型号及参数见表 2-25。

型号	品名、技术参数及使用说明
1005	微型快速磁性锁,表面安装,常闭输出
1032	微型,表面法兰安装,常闭输出
1038T	表面安装型门磁开关,螺钉式接线端子
1145W	表面安装迷你型门磁开关,宽间隙
1045	工业级表面安装型门磁开关
1045W	工业级表面安装迷你型门磁开关,宽间隙
1075T	9.6mm 压紧式安装,带接线端子,常闭输出
1076	2.54cm 铁门用嵌入式安装门磁开关,SPDT 输出
1078	2.54cm 铁门用嵌入式安装门磁开关
R1078	2.54cm 直径嵌入式安装门磁开关,稀土磁体,常闭输出
1082	表面安装型(螺钉安装)门磁开关
1085	表面安装型(螺钉安装)门磁开关
1125	嵌入式安装门磁开关,短粗型
1225	嵌入式安装门磁开关,带护翼,可自动紧急安装
3002	嵌入式滚珠开关
3005	嵌入式安装滚珠磁簧开关,常闭输出
3008	短滚珠开关
1076D	铁门用嵌入式安装门磁开关,SPDT 输出
1078CT	铁门用嵌入式安装门磁开关,带螺钉接线端子
1078T	2.54cm 直径嵌入式安装,适用于铁门,带接线端子,常闭输出
1078CTW	铁门用嵌入式安装门磁开关,带螺钉接线端子,宽间隙
1082TW	表面安装型门磁开关,螺钉式接线端子,宽间隙

2.3.3 玻璃破碎探测器设备参数及使用说明

玻璃破碎探测器设备参数及使用说明见表 2-26。

玻璃破碎探测器设备参数及使用说明　　　　表 2-26

型号	品名、技术参数及使用说明
5620	智能玻璃破碎/门磁双鉴探测器
5650C	商用级玻璃破碎探测器,带防拆开关
5812EZ-W	防拆,带状态记忆 LED 指示灯,易安装型
5125	两线制振动型玻璃破碎探测器,探测范围 3m 半径,带 LED 指示灯
5709C-W	玻璃破碎声音模拟器(安装时测试用)
5402-W	振动/冲击探测器,适用于金属柜,金属柜的防拆
DV1201	振动/冲击探测器,适用于保险箱,银行的金库
DV1221	振动/冲击探测器,适用于自动提款机
GS610	惯性振动探测器,用于金库、档案室等重要场合
GS611	惯性振动探测器,用于金库、档案室等重要场合(带门磁开关)
GS614-W	单回路分析器,用于金库、档案室等重要场合
GS615-W	单回路分析器,用于金库、档案室等重要场合(带终端电阻)
GS617-W	四回路分析器,用于金库、档案室等重要场合

2.3.4 门禁机控制器

1. 读卡器设备及技术参数

读卡器设备及技术参数见表 2-27。

读卡器设备及技术参数　　　　表 2-27

型号	品名、技术参数及使用说明
AC1600	磁卡读卡器 ·通用性强,可读取多种磁卡 ·具有防拆功能 ·内置加热器,可用于严寒气候 ·内置蜂鸣器 工作电压:12VDC 工作温度:−25~+70℃ 编程方式:可通过键盘对控制器进行编程

型号	品名、技术参数及使用说明
AC1800	条形码读卡器 ·高安全性 ·内加热器，可用于严寒气候环境 ·IR 反射技术 ·内置蜂鸣器 工作电压：12VDC 工作温度：－25～＋70℃ 编程方式：通过键盘对控制器进行编程
ACC	出入控制器 ·能同时使用多种读卡器 ·提供 PC，调制解调器或手持式编程器接口可进行设防/撤防 ·存储器带有后备电池 ·为时间表、事件、卡片组分配独立的内存 工作电压：12V 或 24VDC 工作温度：5～40℃ 编程方式：通过键盘、手持式编程器、电脑、调制解调器
AC1700	接近式读卡器 ·无线电技术 ·非接触式识别 ·高安全性 ·接近式卡：1～15cm　免刷式卡：1～60cm 工作电压：10～15VDC 工作温度：－25～＋70℃
ACP	软件 ·自动生成报表，并提供打印机接口 ·10 个可编程时间类型的日历表 ·时间表分为 5 个时间段 ·完全根据时间表来实现系统功能 ·紧急卡可打开所有的门，并保持开启状态 ·可放 15 组不同类型的卡片 ·使用者通过移动卡所在的区域，显示人所处的方位 ·跟随进入功能：只有和有效卡同时使用时才能开门 ·在屏幕上用不同的颜色表示读卡器不同的状态 ·双卡功能：同时使用两张有效卡才能开门
RTE1000	红外线感应门开关，商用型 ·可安装在墙面、门框或顶棚上 ·内置讯响器，提示门的状态 ·两个断电器输出 ·探测范围可调 继电器动作时间：5s、30s、75s、120s 可选

2. 磁卡门禁机设备

磁卡门禁机设备见表 2-28。

磁卡门禁机设备　　　　　　表 2-28

型号	产品号	说　　明
AP-550	400-160	可按 34 门的门禁机/控制器
ABX-1	400-640	表面安装盒
ARH-10	400-500	超强耐用读卡头(可刷卡 400 万次)
ADA-10	400-400	数字加密电锁驱动器
ATM-30	470-031	报警区域终结器
ATM-48	470-030	RS-485 终结器(要 2 个)
AP-500	400-100	门禁机,带显示和键盘,有本地数据库
AP-510	400-130	具有 RS-485 接口的半智慧型门禁机
AP-520	400-140	具有 RS-485 接口的半智慧型门禁机(带键盘)
AMP-4	400-630	安装板
ABX-2	400-650	表面安装盒
AP-530	400-150	独立型磁卡门禁机
AKM-10	400-410	继电器模块
AP-410	410-000	16 键,背景光,维庚输出,黑色
AP-410	410-001	16 键,背景光,维庚输出,黑色
AMP-1	400-600	AP-410 安装板(用于单列电子盒)
AMP-2	400-610	AP-410 安装板(用于双列电子盒)
AMP-3	400-620	AP-410/AP-400 组合安装板
ABX-5	400-680	AP-410/AP-400 表面组合安装盒
AP-501	400-110	维庚输出格式的读卡器
AP-502	400-120	维庚输出格式的读卡器,带 12 个按键
AP-400	400-000	WIEGAND 输出的读卡器,黑色
AP-400	400-001	WIEGAND 输出的读卡器,米色

2.3.5　主控设备及附件型号及参数

主控设备及附件型号及参数见表 2-29。

主控设备及附件型号及参数　　　　　　　表 2-29

型号	品名、技术参数及使用说明
Z2100	Z1200/Z1250/Z2000 用的液晶键盘
Z2200	Z1200/Z1250/Z2001 用的基本控制键盘
ZXLCD	ZX 系列液晶键盘
ZXLED08	8 防区控制键盘,LED 显示,适用于 ZX200、ZX400
ZXLED12	12 防区控制键盘,LED 显示,适用于 ZX200、ZX400
PRO200	ZX200 遥控编程软件
PRO400	ZX400 遥控编程软件
RPM2PRO	ZX 系列遥控编程环境软件
MA-2	100dB 讯响器,两种声音,4～24VDC 工作
MPI-206	继电器模块,用于控制灯光,门禁系统
MPI-35	10W 喇叭 106dB(3m 处),表面安装
MPI-8	警号/喇叭,15W,带底座
MPI-800V	通用电话语音控制接口
3040CT-W	表面安装紧急拉手,SPDT,带 LED,低温
3040-W	表面安装紧急拉手,SPDT,带 LED
3045-W	表面安装紧急拉手,SPDT
Z1251ST	12 防区报警控制器,可扩展到 44 个防区,带 Z2100LCD 液晶键盘
Z2001	16 防区报警控制器,可扩展到 64 个防区
ZX300	8 防区可扩展到 16 防区报警控制器,有线或无线
ZXIRR01	红外线遥控模块及遥控器,用于 ZX 及 Z 系列
ZXODM	输出扩展模块,带 10 个可编程输出,适用于 ZX400
ZXEXP	16 防区扩展模块,带 10 个可编程输出,适用于 ZX400
ZXPTR	打印机接口模块,适用于 ZX400

2.4　背景音乐及紧急广播系统设备

（1）业务广播系统应备功能见表 2-30。

业务广播系统应备功能　　　　　　　　　　　　　　表 2-30

级别	应 备 功 能
一级	编程管理,自动定时运行(允许手动干预)且定时误差不应大于10s;矩阵分区;分区强插;广播优先级排序;主/备功率放大器自动切换;支持寻呼台站;支持远程监控
二级	自动定时运行(允许手动干预);分区管理;可强插;功率放大器故障告警
三级	—

（2）背景广播系统应备功能见表 2-31。

背景广播系统应备功能　　　　　　　　　　　　　　表 2-31

级别	应 备 功 能
一级	编程管理,自动定时运行(允许手动干预);具有音调调节环节;矩阵分区;分区强插;广播优先级排序;支持远程监控
二级	自动定时运行(允许手动干预);具有音调调节环节;分区管理;可强插
三级	—

（3）紧急广播系统应备功能应符合下列规定：

1）当公共广播系统有多种用途时，紧急广播应具有最高级别的优先权。公共广播系统应能在手动或警报信号触发的 ISO 内，向相关广播区播放警示信号（含警笛）、警报语声文件或实时指挥语声。

2）以现场环境噪声为基准，紧急广播的信噪比应等于或大于 12dB。

3）紧急广播系统设备应处于热备用状态，或具有定时自检和故障自动告警功能。

4）紧急广播系统应具有应急备用电源，主电源与备用电源切换时间不应大于 1s，应急备用电源应满足 20min 以上的紧急广播。以电池为备用电源时，系统应设置电池自动充电装置。

5）紧急广播音量应能自动调节至不小于应备场压级界定的音量。

6）当需要手动发布紧急广播时，应设置一键到位功能。

7）单台广播功率放大器失效不应导致整个广播系统失效。

8）单个广播扬声器失效不应导致整个广播分区失效。

9）紧急广播系统的其他应备功能尚应符合表 2-32 的规定。

紧急广播系统的其他应备功能　　　　　表 2-32

级别	其他应备功能
一级	具有与事故处理中心（消防中心）联动的接口；与消防分区相容的分区警报强插；主/备电源自动切换；主/备功率放大器自动切换；支持有广播优先级排序的寻呼台站；支持远程监控；支持备份主机；自动生成运行记录
二级	与事故处理系统（消防系统或手动告警系统）相容的分区警报强插；主/备功率放大器自动切换
三级	可强插紧急广播和警笛；功率放大器故障告警

（4）公共广播系统在各广播服务区内的电声性能指标应符合表 2-33 的规定。

公共广播系统电声性能指标　　　　　表 2-33

指标　　性能　分类	应备声压级	声场不均匀度（室内）	漏出声衰减	系统设备信噪比	扩声系统语言传输指数	传输频率特性（室内）
一级业务广播系统		≤10dB	≥15dB	≥70dB	≥0.55	图 2-1
二级业务广播系统	≥83dB	≤12dB	≥12dB	≥65dB	≥0.45	图 2-2
三级业务广播系统					≥0.40	图 2-3
一级背景广播系统		≤10dB	≥15dB	≥70dB	—	图 2-1
二级背景广播系统	≥80dB	≤12dB	≥12dB	≥65dB	—	图 2-2
三级背景广播系统					—	
一级紧急广播系统			≥15dB	≥70dB	≥0.55	
二级紧急广播系统	≥86dB		≥12dB	≥65dB	≥0.45	
三级紧急广播系统					≥0.40	

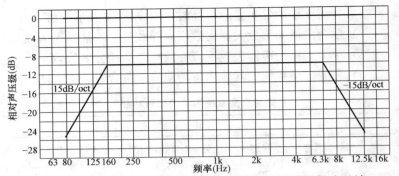

图 2-1 一级业务广播、一级背景广播室内传输频率特性容差域
（以实测传输频率特性曲线的最大值为 0dB）

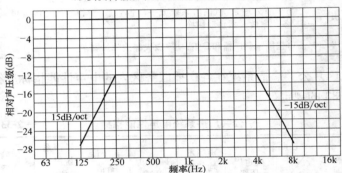

图 2-2 二级业务广播、二级背景广播室内传输频率特性容差域
（以实测传输频率特性曲线的最大值为 0dB）

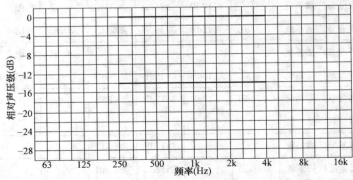

图 2-3 三级业务广播室内传输频率特性容差域
（以实测传输频率特性曲线的最大值为 0dB）

2.5 火灾自动报警设备

2.5.1 LD128K 系列中文控制器火灾报警消防联动系统

1. 联动电源

(1) LD5801（A）系列壁挂式联动电源箱

1) LD5801（A）系列壁挂式联动电源箱技术参数见表 2-34。

LD5801（A）系列壁挂式联动电源箱技术参数 表 2-34

指标 型号	LD5801(A)(5A)	LD5801(A)(10A)
电源输入电压	187～242VAC	187～242VAC
电源输出电压	单一路输出 24VDC(可调整)	单一路输出 24VDC(可调整)
额定输出功率	120W	240W
工作环境温度	0～40℃	0～40℃
工作环境湿度	＜95％RH40℃	＜95％RH40℃

2) 电源外形尺寸（图 2-4）及配套的备用电池型号见表 2-35。

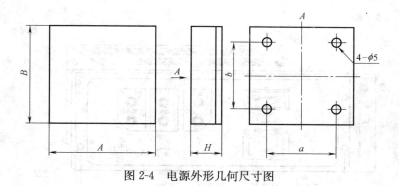

图 2-4 电源外形几何尺寸图

(2) LD5800 系列、LD5800H 系列入柜联动电源及 LD5400 系列备用电池

1) 主要技术参数见表 2-36。

各规格电源箱体尺寸及配套 LD5400 备用电池型号　　**表 2-35**

型号	A	B	H	a	b	相配套的备用电池型号
LD5801A(5A)	420	350	115	360	290	6.5Ah(注:Ah 为安时)
LD5801A(10A)	450	360	135	360	290	10Ah

主要技术参数　　**表 2-36**

指标 型号	输入电压	输出电压	额定输出功率	工作环境温度	工作环境湿度
LD5801(10A)		输出 24VDC	240W		
LD5801H LD5801HA		主 24V、36V 联动 24V	480W		
LD5802(20A)	187～ 242VAC	输出 24VDC	480W	0～40℃	<95%RH 40℃
LD5802H LD5802HA		主 24V、36V 联动 24V(20A)	720W		
LD5803(30A)		输出 24VDC	720W		
LD5803H LD5803HA		主 24V、36V 联动 24V(30A)	1000W		

2) 电源外形几何尺寸图及输出端子位置 LD5800 系列电源外形尺寸如图 2-5 所示。

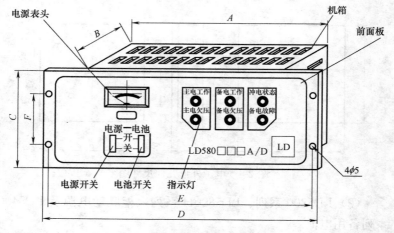

图 2-5　LD5800 系列电源外形尺寸

LD5800H系列电源外形尺寸如图2-6所示。

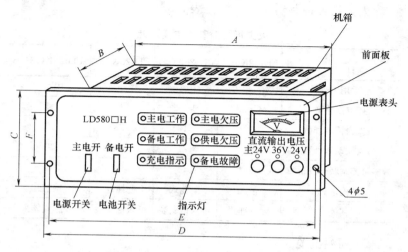

图2-6   LD5800H系列电源外形尺寸

各规格电源箱体尺寸及相配套的LD5400备用电池型号，见
表2-37。

各规格电源箱体尺寸及相配套的LD5400备用电池型号

表2-37

尺寸 规格	A	B	C	D	E	F	相配套的LD5400 备用电池型号	要求输出线 截面积(mm²)
LD5801(4U)	310	175	177	482	466	101	LD5400A：15Ah 配合	2.5
LD5802 LD5801H LD5801HA (4U)	340	185	177	482	466	101	LD5400B：24Ah 配合	4
LD5803 LD5802H LD5802HA (4U)	340	185	177	482	466	101	LD5400C：38Ah 配合	6
LD5803H LD5803HA (4U)	340	185	177	482	466	101	LD5400D：48Ah 配合	6

2. 控制器

火灾报警控制器主要功能见表 2-38。

火灾报警控制器主要功能　　表 2-38

项目 ＼ 型号	LD128K(H)	LD128K(Q)	LD128K(L)	LD128K(LG)B
适用工程	大型、超大型	中型	中小型	中小型
探测回路数	4～32	1～4	1	1
最大报警地址数	8192	512	128	128
最大联动地址数	992	124	31	31
最多可控制联动设备数	1984	248	62	62
结构形式	柜式	壁挂式	壁挂式	壁挂式
其他	无壁挂式	可入柜安装	可入柜安装	带双路气体灭火

3. 高温电缆

高温电缆主要技术指标见表 2-39。

感温电缆主要技术指标　　表 2-39

项目	高温聚氯乙烯(PVC)	＋尼龙(黑)	＋铜丝编织
型号	K82017	K82021	K82078
外径	3.25mm	4.25mm	4.25mm
重量(200m)	3.2kg	4.3kg	4.3kg
最小拉力强度	100N	100N	1000N
导线直径	0.46mm		
绝缘厚度	0.34mm		
外皮厚度	0.25mm		
内部导线绞捻圈数	90±5 每米		
导线材料	线芯 2 和 4：铜；线芯 1 和 3：聚酯漆包外皮(BS4655)		
绝缘物质	线芯 2 和 4：特殊掺杂的负温度系数聚合物；线芯 1 和 3：PVC		
线芯颜色	1—黄；2—白；3—红；4—蓝		
工作寿命	100℃以内—无限；150℃以内—350h；175℃—25h		
耐压	外护套和导体之间耐压 10kV		

2.5.2 M80 火灾报警与联动控制设备

1. 探测器类

(1) 技术指标 (表 2-40)

探测器类技术指标　　　　　　　　表 2-40

种类		光电温感复合	光电感烟	离子感烟	温感	远红外火焰
常规式探测器	薄型	MR601T	MR601	MF601	MD601	—
	传统型	301 系列,现已淘汰				MS302EX
智能型探测器	薄型	MR901T	MR901	MF901	MD901	—
	传统型	501 系列,现已淘汰				MS502EX
外形尺寸(连底座)	薄型	53H×109Dia	53H×109Dia	53H×109Dia	53H×109Dia	53H×109Dia
	传统型	—	—	—	—	85H×90Dia
环境温度		−20～70℃	−20～70℃	−20～70℃	−20～70℃ −40～70℃ ≤30min	−10～60℃
环境湿度		≤95%	≤95%	≤95%	≤95%	≤95%

(2) 电子特性 (表 2-41～表 2-43)

MR601T (25℃ 温度, 24V 电压下适用)　　　表 2-41

特　　性	最小	一般	最大
工作电压(直流)	16V	24V	32V
静态电流	—	70μA	130μA
稳定时间	—	60s	80s
警报电流	24mA	48mA	75mA
保持电压	8V		
复位时间	—	2s	5s
LED 激励	1/3 警报电流	—	—

MR901T (25℃ 温度, 24V 电压下适用)　　　表 2-42

特　　性	最小	一般	最大
工作电压	18V	24V	32V
静态电流	150μA	240μA	300μA
识别电流	17mA	18mA	19mA
平均调整电流	7.8mA	8.8mA	9.8mA

MD901（25℃温度，24V电压下适用） 表2-43

特　　性	最小	一般	最大
工作电压	18V	24V	32V
静态电流	150μA	240μA	300μA
识别电流	—	5.4mA	—
调整电流		6mA	28mA

（3）各类探测器使用场合

各类探测器使用场合见表2-44。

各类探测器使用场合 表2-44

环境类型	非常干净	干净	中等干净	中等肮脏	肮脏多烟	肮脏多烟热
火灾类型	干净的套房	办公室、饭店	仓库	装卸部	停车场、饲养场	厨房或餐厅
过热如电器设备	MR901 MR601 (MF901)	MR901 MR601 (MF901)	MR901 MR601 (MF901)	MR901 MR601		
闷火或木材、纸张纤维、汽油等	MR901 MR601 MF901	MR901 MR601 (MF901)	MR901 MR601 (MF901)	MR901 MR601		
明火伴随高热如明火燃烧的后期	MR901T MF901 MF601	MR901T MR601T MF901 MF601 MD601 (MD901)	MF901 MF601 (MR901T) (MR601T) (MD901) (MD601)	MD901 MF901 MF601	MD901 MD601	MD601 (MD901)

2. 手动火灾报警按钮

地址码手动报警站技术指标见表2-45。

地址码手动报警站技术指标 表2-45

技术指标		CP920	CP200
总体尺寸	高	87mm	87mm
	宽	87mm	87mm
	深	51mm	51mm
材料	壳体	BAYBLEND 聚碳酸酯/ABS合金	BAYBLEND 聚碳酸酯/ABS合金

技术指标		CP920	CP200
运行环境	运行温度	−20～70℃	−20～70℃
	相对湿度	最高 95％RH(无冷凝)	最高 95％RH(无冷凝)
电气特性	可寻址电路	28VDC(区分极性)	28VDC(区分极性)
	电阻	220Ω(疏散) 0Ω(报警)	220Ω(疏散) 0Ω(报警)
基本工作原理		本身自带地址码,可直接接入回路中,每个回路最多可接 30 个,每个 CP920 可通过连接不同阻值的电阻系统发出"连续的警示"或"连续的疏散"的信号	不带地址码,通过常规探测器接口模块 DM520 或 MDM521 接入 M-80 主机

3. 报警接口类

常规探测器结构模块技术指标见表 2-46。

常规探测器结构模块技术指标　　　　表 2-46

技术指标		DM520	CM520
总体尺寸	高 宽 深 重量	87mm 148mm 14mm 100g	87mm 148mm 14mm 100g
材料	壳体	BAYBLEND 聚碳酸酯/ABS 合金	BAYBLEND 聚碳酸酯/ABS 合金
运行环境	运行温度	−20～70℃	−20～70℃
	相对湿度	最高 95％RH(无冷凝)	最高 95％RH(无冷凝)
电气特性	可寻址电路	28VDC(区分极性)	28VDC(区分极性)
	外部电源	24VDC(额定) 20VDC(最小) 32VDC(最大)	—
	电流	22mA(标准)对 20V 回路寂静 45mA 报警	22mA(标准)对 20V 回路寂静 45mA 报警
	"D+"～ "D−"	20VDC(标准)	20VDC(标准)
	报警状态	100Ω<1KΩ	100Ω<1KΩ
	检测线路	o/c>5K6,s/c<100Ω	o/c>5K6,s/c<100Ω

技术指标	DM520	CM520
基本工作原理	运行时检测到开路（＞5600Ω）或短路（＜100Ω）故障,DM520 模块会把线路的状态输入到控制器,正常或报警状态通过检测末端电阻完成	该模块能识别并指示出单个触点的下述状况,并输送至控制器 常态:开—开 常态:开—关 常态:关—开 常态:关—关
作用场合	用于连接普通探测器	用于监视防火门、水流指示器、气体灭火系统、风阀等的动作情况

4. 控制接口类

控制接口类技术指标见表 2-47。

控制接口类技术指标　　　　表 2-47

技术指标		RM520	SM520
总体尺寸	高	87mm	87mm
	宽	148mm	148mm
	深	14mm	14mm
	重量	100g	100g
材料	壳体	BAYBLEND 聚碳酸酯/ABS 合金	BAYBLEND 聚碳酸酯/ABS 合金
运行环境	运行温度	−20～70℃	−20～70℃
	相对湿度	最高 95%RH(无冷凝)	最高 95%RH(无冷凝)
电气特性	可寻址电路	28VDC(区分极性)	28VDC(区分极性)
	外部电源	—	24VDC(额定) 20VDC(最小) 32VDC(最大)
	电流	20mA(标准)对 20V 回路寂静	正常负载:0.18mA 报警负载:0.7mA
	"D+"～"D−"	20VDC(标准)	
	报警状态	100Ω＜1K0	
	检测线路	o/c＞5K6,s/c＜100Ω	o/c＞5K6,s/c＜100Ω

技术指标	RM520	SM520
基本工作原理	RM520 对控制器给出的指示命令进行响应,将运行状态报告控制盘,启动时,控制盘能够控制 RM520 的红灯闪烁,以确定工作状态	SM520 对控制器给出的指示命令进行响应,从而激活由外部电源驱动的警铃,警铃电路通过 22kΩ 终端电阻监控时,SM 能监控并指示正常与出错状态
作用场合	常用于控制卷帘门关闭、停非消防电源、启动各种风机、关闭空调机、启动消防泵和喷淋泵等	用来驱动警铃

5. 电源

电源技术指标见表 2-48。

电源技术指标　　　　　　　表 2-48

总体尺寸	高	400mm
	宽	300mm
	深	145mm
颜色	箱体	深灰色
环境	温度	$-20\sim70℃$
	相对湿度	最高 95%RH(无冷凝)
电气	输入	为交流 220V
	输出	为直流 24V,并含有直流 24V 备电

2.5.3　LW2000 系列中文控制器火灾报警消防联动系统

1. 探测器类

(1)探测器类技术指标见表 2-49。

探测器类技术指标(25℃、24V 电压下适用)　　表 2-49

种类	光电温感复合	光电感受烟	离子感受烟	温感受
常规式薄型	—	LW120	LW100	LW116
智能式薄型	LW160	LW121		LW118
工作电压	24V 脉冲	24V 脉冲	24V 脉冲	24V 脉冲

种类	光电温感复合	光电感受烟	离子感受烟	温感受
静态电流	80μA	300μA	500μA	300μA
报警电流	30mA	4mA	4mA	4mA
环境温度	−10～+45℃	−10～+50℃	−10～+50℃	−10～+50℃
环境湿度	≤95%	≤95%	≤95%	≤95%

（2）各类探测器使用场合见表 2-50。

各类探测器使用场合　　　　　　　　　　　　表 2-50

环境类型	非常干净	干净	中等干净	中等肮脏	肮脏多烟	潮湿
火灾类型	干净的套房	办公室、饭店	仓库	装卸部	停车场	厨房
探测器类型	LW120 LW160	LW120 LW160	LW120 LW160	LW120 LW160	LW116 LW118	LW120 LW116 LW118

2. 报警接口类

报警接口类技术指标见表 2-51。

报警接口类技术指标　　　　　　　　　　　　表 2-51

技术指标	LW200 手动报警按钮	LW270 单输入模块
材料	聚碳酸酯/ABS 合金	聚碳酸酯/ABS 合金
运行温度	−10～45℃	聚碳酸酯/ABS 合金
相对湿度	≤95%	聚碳酸酯/ABS 合金
工作电压	24V 脉冲	24V 脉冲
监视电流	500μA	500μA
报警电流	3mA	3mA
编码范围	1～254	1～254
基本工作原理	通过开关量转换成电流信号确认火警	通过开关量转换成电流信号确认设备动作（如水流批示器）
作用场合	走廊、楼梯口等人员流动多的地方	用于监视防火门、水流批示器、气体灭火系统、风阀等的动作情况

3. 消防广播及通信类

消防广播及通信类技术指标见表2-52。

消防广播及通信类技术指标　　　　　　表 2-52

功能	火灾事故发生时,及时由总机自动拨打 119 火警电话同时由消防广播通知火灾区域人员有秩序地疏散及组织工作人员实施灭火			
技术指标	主电	交流 220V、50Hz(-15％～＋10％)		
	电池类型	24VDC,(10～30A)密封铅电池		
	供电电压	24VDC		
	功放输出	定压 120V		
产品外形	LW400 火警电话盘	LW300 广播区域控制盘	LW310 广播录放盘	LW320 广播功放盘
	高 266mm 宽 482mm 深 310mm	高 132mm 宽 482mm 深 150mm	高 132mm 宽 482mm 深 155mm	高 132mm 宽 482mm 深 180mm

4. 电源类

电源类技术指标见表2-53。

电源类技术指标　　　　　　表 2-53

功能	本电源是一种专为报警控制器、显示器、广播等设备构成的火灾报警系统配套产品,其在系统内为消防广播系统、消防电话系统、模块等设备提供直流电源	
外形尺寸	高:400mm 宽:300mm 深:145mm	
技术指标	颜色(箱体)	黑色
	温度	−10～＋45℃
	相对湿度	≤95％RH
	输入	交流 220V
	输出	直流 24V,并含有直流 24V 备电(10～30A)

2.6 停车场管理系统设备

2.6.1 系统出入场流程图

系统出入场流程图如图 2-7、图 2-8 所示。

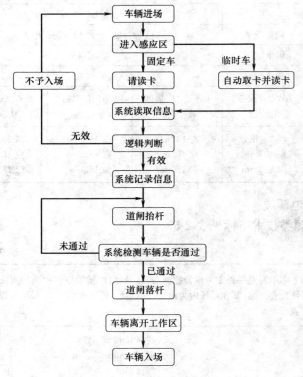

图 2-7 车辆入场流程图

2.6.2 设备详细介绍

1. 出、入口读卡箱

出、入口读卡箱如图 2-9 所示。

2. CAN 总线控制器

总线控制器如图 2-10 所示，其主要技术参数及指标见表 2-54。

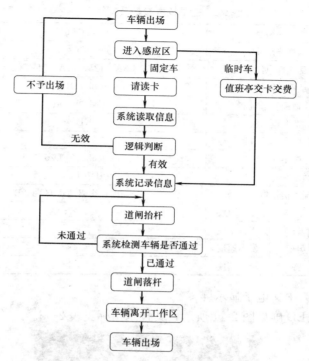

图 2-8　车辆出场流程图

图 2-9　读卡箱图

图 2-10　总线控制器图

产品型号	ZQIN-06
规格尺寸	190mm×260mm
适配线性电源输入	5VDC3A＋12VDC1A＋24VDC1A
适配读写模块	LEGIC/Mifare/Motorola/HID/EM/Ti/CrypTag etc
适配发卡机	CM2000 etc
适配电卡机	KD-A
适配车辆感应器	VD108B
适配中文显示屏	LED401680、LED251680
适配车位显示屏	LED761680 etc
适配通信接口驱动器	光隔离长线驱动器 HT232B

控制总成主要指标	工作温度	−20～75℃
	工作湿度	≤95％
	发卡速度	≤1s
	读卡速度	≤0.1s

3. 中文电子显示屏

LED 屏如图 2-11 所示，其技术指标见表 2-55。

图 2-11　LED 屏

技术指标　　　　　表 2-55

电源电压	4.0～5.3V
最大电流	Max400mA/汉字（全屏点亮时）
工作电流	40mA/汉字（全屏正体汉字时）
备用电源	8mA（全屏关闭）
工作温度	−40～＋85℃
工作湿度	≤95％（不结露）
贮存温度	−55～＋125℃

4. 数字式车辆检测器

数字式车辆检测器如图 2-12 所示，其技术参数及指标见表 2-56。

图 2-12　车辆检测器

技术参数及指标　　　　　　表 2-56

型　　号	VD108B
尺寸	28mm×21mm×43mm
电源	12VDC　0.1A
检测范围	40～100kHz
输出	TTL(车到输出低电平)
输出信号	+5V　TTL 电平信号
线圈材料	0.5mm² 聚四氟乙烯高温镀银线
线圈尺寸	600mm×1800mm,6～8 匝,具体情况视场地与目的作调整

2.7　有线电视系统设备

2.7.1　干线放大器

干线放大器如图 2-13 所示，其技术指标见表 2-57。

2.7.2　楼道放大器

楼道放大器如图 2-14 所示，其技术指标见表 2-58。

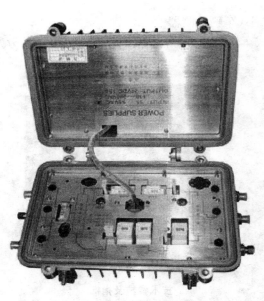

图 2-13　干线放大器

技术指标　　　　　　　　　　　　　　　　表 2-57

项目	单位	下行传输通道			上行传输通道	
					RP	RA20
频率范围	MHz	87～750/860			5～65 *	5～65 *
标称增益	dB	30	33	36	−5	17
最小满增益	dB	≥30	≥33	≥36	—	≥20
带内平坦度	dB	≤±0.75				
反射损耗	dB	≥16				
标称输出电平	dBμV	102	105	108	—	
最大输出电平	dBμV	—				≥110
噪声系数	dB	≤8			—	≤10
载波复合三次差拍比	dB	≥74/76	≥72/70	≥66/64		
载波复合二进次差拍比	dB	≥68/68	≥66/65	≥63/62		

项目	单位	下行传输通道	上行传输通道	
			RP	RA20
频率范围	MHz	87～750/860	5～65*	5～65*
载波二阶互调比	dB	—	—	≥52
增益稳定度	dB	≤±1.0		
群时延	ns	≤10(112.25MHz/116.68MHz,87～750MHz)	≤10(57MHz/59MHz,5～65MHz)	
增益控制(插件式选件)	dB	1～9dB,1dB/档 10～20dB,2dB/档	2～20dB 可选, 2dB/档	
斜率控制(插件式选件)	dB	2～20dB 可选,2dB/档	2～5dB,1dB/档 6～14dB,2dB/档	
温补性能(选件)	dB	±2dB(−30～+50℃)插损 4.5dB(+20℃时)		
阻抗	Ω	75		
输入测试口电平	dB	−20±1.0(相对于模块输入电平)		
输出测试口电平	dB	−20±1.0(相对于输出口电平)		
信号交流声比	%	<2		
耐冲击电压(10/700μs)	kV	5		
供电(AC50Hz)	V	60VAC 集中供电或 220VAC 单独供电		
尺寸	mm	270×230×120		
重量	kg	5.1		

＊频率分割还有 30/47、40/52、40/65 三种规格。

图 2-14　楼道放大器

技术指标　　　　　　表 2-58

项目	单位	下行传输通道	上行传输通道	
			RP	RA20
频率范围	MHz	47~750/860	5~65*	5~65*
标称增益	dB	30	−3	15
最小满增益	dB	≥30	—	≥20
带内平坦度	dB	≤±0.75	≤±1	
反射损耗	dB	≥14		
标称输出电平	dBμV	102	—	
最大输出电平	dBμV	120	—	120
噪声系数	dB	≤8	≤10	
载波复合三次差拍比	dB	≥63/61	—	88
载波复合二进次差拍比	dB	≥63/60	—	80
载波二阶互调比	dB	—	—	≥52
增益稳定度	dB	≤±1.0	—	
群时延	ns	≤10(112.25MHz/116.68MHz,87~750MHz)	≤10(57MHz/59MHz,5~65MHz)	
增益控制(插件式选件)	dB	0~20dB 连续可调	0~20dB 连续可调	
斜率控制(插件式选件)	dB	0~18dB 连续可调	0~20dB 连续可调	
温补性能(选件)	dB	±2dB(−30~+50℃)插损 4.5dB(+20℃时)		
阻抗	Ω	75		
输入测试口电平	dB	−20±1.0(相对于输入口电平)		
输出测试口电平	dB	−20±1.0(相对于输出口电平)		
信号交流声比	%	<2		
耐冲击电压(10/700μs)	kV	5		
供电(AC50Hz)	V	220VAC 单独供电		
尺寸	mm	202×132×52		
重量	kg	1.2		

＊频率分割还有 30/47、40/52、40/65 三种规格。

2.7.3 分配器

分配器如图 2-15、图 2-16 所示，其技术指标见表 2-59。

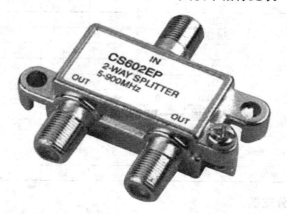

图 2-15 二分配器

图 2-16 六分配器

技术指标 表 2-59

项目	产品型号	2772S	2773S	2774S	2776S	2778S
插入损耗 IN-OUT (dB)	4~40MHz	3.5	6.0	7.0	9.0	10.5
	40~550MHz	3.6	6.0	7.0	9.5	10.5
	550~750MHz	3.8	6.5	7.5	10.0	12.0
	750~1000MHz	4.0	6.8	8.3	10.5	12.5

项目	产品型号	2772S	2773S	2774S	2776S	2778S
相互隔离度 OUT-OUT （dB）	5～40MHz	30	25	27	25	25
	40～550MHz	30	28	30	25	25
	550～750MHz	28	25	30	25	25
	750～1000MHz	28	23	25	25	25
反射损耗 IN/OUT （dB）	5～40MHz	22	22	20	20	20
	40～550MHz	20	20	20	20	20
	550～750MHz	20	18	18	18	18
	750～1000MHz	18	18	17	17	17
尺寸(mm)		53×49 ×17	74×50×17		118×60×17	
重量(g)		40	55	60	110	115

2.7.4 分支器

（1）一分支器 2871S、二分支器 2872S 如图 2-17 所示，其技术指标分别见表 2-60、表 2-61。

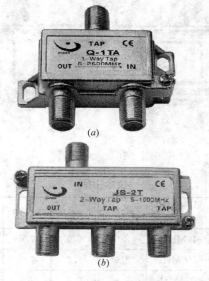

(a)

(b)

图 2-17 分支器图

(a) 一分支器；(b) 二分支器

表 2-60

一分支器技术指标表

项目 ＼ 分支损耗(dB)		6	8	10	12	14	16	18	20	22	24	26	28	30	32
分支损耗偏差(dB)		±1.2													
插入损耗 IN-OUT (dB)	4~470MHz	2.5	2.0	1.8	0.8	1.0	0.8	0.8	0.8	0.8	0.8	0.8	0.8	0.8	0.8
	470~750MHz	3.0	2.0	2.0	1.0	1.2	1.0	1.0	1.0	1.0	1.0	0.8	0.8	0.8	0.8
	750~1000MHz	3.0	2.4	2.4	1.2	1.2	1.0	1.0	1.0	1.0	1.0	1.0	1.0	1.0	1.0
反向隔离度 TAP-OUT (dB)	4~470MHz	25	30	25	30	30	35	35	35	38	40	42	42	42	45
	470~750MHz	24	25	25	28	28	30	32	32	35	35	38	38	38	42
	750~1000MHz	22	24	25	26	26	28	28	30	32	35	36	36	37	38
反射损耗 IN/OUT /TAP (dB)	4~470MHz	20	20	20	20	20	20	20	20	20	20	20	20	20	20
	470~750MHz	20	20	20	20	20	20	20	20	20	20	20	20	20	20
	750~1000MHz	17	17	17	17	17	17	17	17	17	17	17	17	17	17
尺寸(mm)		53×49×17													
重量(g)		40													

表 2-61

二分支器技术指标表

项目 ＼ 分支损耗(dB)		8	10	12	14	16	18	20	22	24	27	30	32
分支损耗偏差(dB)		±1.5											
插入损耗 IN-OUT (dB)	4~470MHz	3.5	2.8	1.8	1.8	1.0	1.0	0.8	0.8	0.8	0.8	0.8	0.8
	470~750MHz	3.8	3.0	2.2	2.2	1.2	1.2	1.0	1.0	1.0	1.0	1.0	1.0
	750~1000MHz	4.2	3.2	2.2	2.2	1.5	1.5	1.0	1.0	1.0	1.0	1.0	1.0
反向隔离度 TAP-OUT (dB)	4~470MHz	28	25	28	28	28	28	35	35	40	40	42	42
	470~750MHz	26	23	25	25	25	26	30	33	35	35	38	38
	750~1000MHz	25	22	25	25	25	26	30	30	30	30	35	35
相互隔离度 TAP-TAP (dB)	4~470MHz	28	30	30	30	30	30	30	30	30	30	30	30
	470~750MHz	28	25	25	25	25	25	25	25	25	25	25	25
	750~1000MHz	25	25	25	25	25	25	25	25	25	25	25	25

项目	分支损耗(dB)	8	10	12	14	16	18	20	22	24	27	30	32
反射损耗 IN/OUT /TAP (dB)	4～470MHz	20	20	20	20	20	20	20	20	20	20	20	20
	470～750MHz	20	20	20	20	20	20	20	20	20	20	20	20
	750～1000MHz	18	16	18	18	18	18	18	18	18	18	18	18
尺寸(mm)		115×120×76											
重量(g)		40											

（2）三分支器 2873S、四分支器 2874S 如图 2-18 所示，其技术指标分别见表 2-62、表 2-63。

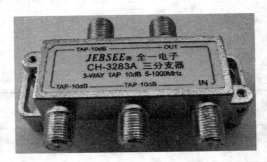

(a)

(b)

图 2-18 分支器图

(a) 三分支器；(b) 四分支器

项目 \ 分支损耗(dB)		10	12	14	16	18	20	22	24	27	30	32
分支损耗偏差(dB)		±1.5										
插入损耗 IN-OUT (dB)	4~470MHz	3.3	3.3	2.5	2.0	2.0	1.2	1.2	1.0	1.0	1.0	1.0
	470~750MHz	4.0	4.0	2.8	2.2	2.0	1.2	1.2	1.0	1.0	1.0	1.0
	750~1000MHz	4.5	4.5	3.0	2.5	2.2	1.5	1.5	1.2	1.2	1.2	1.2
反向隔离度 TAP-OUT (dB)	4~470MHz	28	27	27	32	35	32	35	40	38	40	40
	470~750MHz	30	25	28	30	32	30	32	35	35	38	38
	750~1000MHz	25	23	25	30	32	30	30	35	32	35	35
相互隔离度 TAP-TAP (dB)	4~470MHz	28	25	26	25	26	27	27	27	27	27	27
	470~750MHz	28	25	25	25	25	25	25	25	25	25	25
	750~1000MHz	25	25	25	25	25	25	26	25	25	25	25
反射损耗 IN/OUT/TAP (dB)	4~470MHz	20	20	20	20	20	20	20	20	20	20	20
	470~750MHz	20	20	20	20	20	20	20	20	20	20	20
	750~1000MHz	16	17	17	17	17	17	17	17	17	17	17
尺寸(mm)		74×50×17										
重量(g)		55										

项目 \ 分支损耗(dB)		10	12	14	16	18	20	22	24	27	30	32
分支损耗偏差(dB)		±1.5										
插入损耗 IN-OUT (dB)	4~470MHz	3.5	3.2	3.2	2.0	2.0	1.0	1.2	1.0	1.0	1.0	1.0
	470~750MHz	4.0	3.8	3.8	2.2	2.1	1.2	1.2	1.0	1.0	1.0	1.0
	750~1000MHz	4.5	4.3	4.3	2.5	2.3	1.5	1.5	1.2	1.2	1.2	1.2
反向隔离度 TAP-OUT (dB)	4~470MHz	28	26	26	30	30	32	40	32	40	40	40
	470~750MHz	25	25	25	28	28	30	32	32	38	38	38
	750~1000MHz	25	22	23	25	27	27	28	30	32	32	32

分支损耗(dB) 项目		10	12	14	16	18	20	22	24	27	30	32
相互隔离度 TAP-TAP (dB)	4~470MHz	27	28	28	28	28	28	28	28	28	27	27
	470~750MHz	27	25	25	25	25	25	25	25	25	25	25
	750~1000MHz	25	25	25	25	25	25	25	25	25	25	25
反射损耗 IN/OUT/TAP (dB)	4~470MHz	20	20	20	20	20	20	20	20	20	20	20
	470~750MHz	18	18	18	18	18	18	18	18	18	18	18
	750~1000MHz	17	17	17	17	17	17	17	17	17	17	17
尺寸(mm)		74×60×17										
重量(g)		70										

(3) 六分支器 2876S、八分支器 2878S 如图 2-19 所示，其技术指标分别见表 2-64、表 2-65。

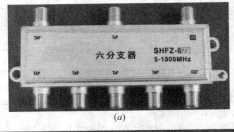

(a)

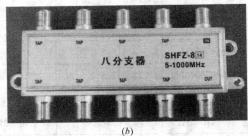

(b)

图 2-19　分支器图

(a) 六分支器；(b) 八分支器

六分支器技术指标表　　表 2-64

项目 \ 分支损耗(dB)		12	14	16	18	20	22	24	26	27	30	32
分支损耗偏差(dB)		±1.5										
插入损耗 IN-OUT (dB)	4～470MHz	3.8	3.8	2.8	2.5	1.5	1.5	1.0	1.0	1.0	1.0	1.0
	470～750MHz	4.0	4.0	3.0	3.0	2.0	2.0	1.2	1.2	1.2	1.2	1.2
	750～1000MHz	4.5	4.5	3.5	3.5	2.5	2.2	1.5	1.5	1.2	1.2	1.2
反向隔离度 TAP-OUT (dB)	4～470MHz	25	28	25	25	30	32	32	32	35	35	35
	470～750MHz	22	25	25	25	28	30	30	30	30	30	30
	750～1000MHz	22	22	23	24	28	28	28	28	30	30	30
相互隔离度 TAP-TAP (dB)	4～470MHz	23	24	24	24	24	24	24	24	24	24	24
	470～750MHz	22	22	22	22	23	23	23	23	23	23	23
	750～1000MHz	22	22	22	22	22	22	22	22	22	22	22
反射损耗 IN/OUT/TAP (dB)	4～470MHz	20	20	20	20	20	20	20	20	20	20	20
	470～750MHz	17	17	18	18	18	18	18	18	18	18	18
	750～1000MHz	16	16	17	17	17	17	17	17	17	17	17
尺寸(mm)		118×60×17										
重量(g)		110										

八分支器技术指标表　　表 2-65

项目 \ 分支损耗(dB)		12	14	16	18	20	22	24	26	27	30	32
分支损耗偏差(dB)		±1.5										
插入损耗 IN-OUT (dB)	4～470MHz	—	3.8	3.0	2.5	1.5	1.5	1.0	1.0	1.0	1.0	1.0
	470～750MHz	—	4.0	3.2	2.8	2.0	2.0	1.2	1.2	1.1	1.1	1.1
	750～1000MHz	—	4.5	3.5	3.5	2.2	2.2	1.5	1.2	1.2	1.2	1.2
反向隔离度 TAP-OUT (dB)	4～470MHz	—	27	27	27	30	32	35	32	30	35	35
	470～750MHz	—	25	25	25	30	30	30	30	30	30	30
	750～1000MHz	—	24	24	24	25	28	28	28	28	30	30

分支损耗(dB) 项目		12	14	16	18	20	22	24	26	27	30	32
相互隔离度 TAP-TAP (dB)	4~470MHz	25	25	25	25	25	25	25	25	25	25	25
	470~750MHz	25	24	24	24	24	25	25	25	25	25	25
	750~1000MHz	24	23	23	23	23	24	24	24	24	24	24
反射损耗 IN/OUT/TAP (dB)	4~470MHz	19	20	20	20	20	20	20	20	20	20	20
	470~750MHz	18	18	18	18	18	18	18	18	18	18	18
	750~1000MHz	17	17	16	17	17	17	17	17	17	17	17
尺寸(mm)		118×60×17										
重量(g)		115										

2.8 中央集成系统设备

2.8.1 系统组成

某大楼 IBMS 集成管理系统组成如图 2-20 所示。

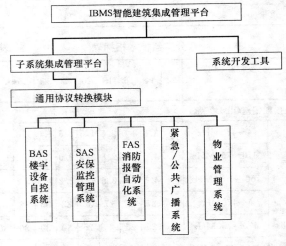

图 2-20 某大楼 IBMS 系统组成

2.8.2 系统结构

某大楼 IBMS 集成管理系统结构如图 2-21 所示。

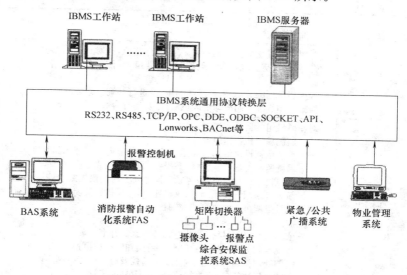

图 2-21 某大楼 IBMS 系统结构

（1）IBMS 系统对 BAS 的集成管理见表 2-66。

IBMS 系统管理功能表　　　　　　　　表 2-66

子系统/设备名称	某大楼 IBMS2003 系统实现的主要功能
变配电系统	监测变配电系统中高低压断路器的开关状态及故障报警 采集高/低压进线开关柜的进线电流、电压、功率因数、频率，并显示 监测电网运行状态及过限报警 电量参数的记录、统计、制表，查询变配电设备的异常和故障履历 对各单位实体用电量的监测和计量
给排水系统	对大楼内的生活水池、水箱、水泵等设备进行实时监测和控制，包括水泵运行状态、故障状态、启停控制 生活水箱的高、低水位监测 生活水池的高、低水位监测 潜水泵运行状态、故障状态、监测和启停控制 地下水池水位低至极限、屋顶水箱水位过高溢出时发出报警信号 监测蒸气凝结水温度、监测水箱水位、控制凝水泵的启停、超高水位报警

85

子系统/设备名称	某大楼 IBMS2003 系统实现的主要功能
电梯监控系统	监测电梯的启停、运行状态、故障报警 查询电梯的历史运行状态数据
空调冷热源监控系统	对制冷机或热交换器运行的状态进行监控,并对运行台数进行控制;按系统负荷要求,自动增减机组及其组合,使之处于经济运行的状态 根据测量到的分/集水器之间的压差,进行系统压差旁通调节 根据冷却水温控制冷却塔风机启/停及运行台数
空调新风调节处理系统	对新风机组的监测和控制: ——监测新风机组送风温度 ——系统依据设定值与送风温度的偏差调节电动调节水阀开度 ——系统监测过滤器压差;堵塞报警;通知清洗或更换 ——新风机组运行状态、故障状态监控及分时间段控制启停 ——新风口采用开关风阀,与风机连锁,停风机后关闭风阀 对变风量空调机组的监测和控制: ——监测空调机组送/回风温度 ——依据送/叫风温度值调节电动调节水阀开度 ——系统监测过滤器压差;堵塞报警;通知清洗或更换 ——空调处理机运行状态、故障状态监控及分时间段控制启停 ——调节风门执行口;根据焓值,调节新风、回风比 对风机盘管按时间段分路控制电源的通断
空气调节处理系统	风机启停控制/状态反馈 冷热水二通阀控制/状态反馈 送/回风温度监视 室内温度/湿度检测(重点房间) 过渡网阻塞报警 过载报警 手/自动状态 加湿控制 风门调节 风机转速调节 室内 CO_2 浓度监测 防冻开关
送排风系统	监测送风机、排风机、风量控制器、汽水热交换机等设备的启停情况、手/自动状态、故障报警 采集各监测点的温度、湿度、压力等数据及指标超限报警 对地下室送排风机的监测和控制 ——系统根据排定的工作及节假日时间等策略设置启停送/排风机 ——系统根据测定的空气质量启停送/排风机 ——系统监测风机的运行状态、故障报警

子系统/设备名称	某大楼 IBMS2003 系统实现的主要功能
灯光、照明监控系统	针对某大楼各馆特殊的业务应用要求,设置相应的智能照明应用和协调策略: ——室外照明控制:对室外道路照明及其他灯光按时间、亮度、节假日分类分项控制,喷泉开关及效果控制 ——泛光照明按平时、节假日等几种方式考虑
污水处理系统	监测污水泵的运行状态 根据污水水位,自动启动/停止污水泵的运行 可设定水泵的启动/停止时间 污水泵运行故障报警 污水水位报警 对水泵的运行时间进行统计
智能联动	IBMS 系统提供联动策略设置平台,使 BAS 系统在实现内部各子系统可靠联动的同时,实现与综合安保、消防、公共广播、物业管理等相关系统的可靠联动

（2）IBMS 系统对 SAS 的集成管理见表 2-67。

IBMS 系统对 SAS 的管理功能表　　　　表 2-67

子系统/设备名称	某大楼 IBMS2003 系统实现的主要功能
防盗报警系统	使用者身份和权限识别 实时收集设备运行情况和状态信息 授权的用户可提取各种运行状态数据,在工作站的安保布防图上进行图文显示 检测到异常时,调出报警位置布防图,并以声音、颜色、闪烁等方式进行报警,同时提示相应的处理方法 设备处于报警状态时,弹出相应的布防图 实现与 CCTV、BAS、公共广播等系统的可靠联动
CCTV 电视监控系统	使用者身份和权限识别 显示摄像机和报警器的布防图,监测和图示其运行状态 控制摄像机的云台、镜头、光圈、矩阵等 传输和显示摄像画面 实现与防盗报警、BAS、公共广播、巡更等子系统的可靠联动

子系统/设备名称	某大楼 IBMS2003 系统实现的主要功能
门禁系统	使用者身份和权限识别 收集设备的状态信息 授权用户可提取运行状态数据,在布防图上进行图文显示 检测到异常时调出报警位置布防图,以声音、颜色、闪烁等进行报警,并提示相应的处理方法 观察每个门的位置和开/关状态、门的进/出情况报告、门开启状态超时及故障报警。检测到非法闯入时进行报警,并弹出相应的布防图 关键部位的门禁使用智慧卡及密码盘双重保险,并采用特殊的电磁锁。若采用威逼密码开锁,启动威逼报警并触发相应联动 实现 BAS、CCTV、防盗报警、公共广播、巡更等子系统的可靠联动
巡更系统	显示各个巡更路线的图示 监测巡更点状态及巡更员的位置 启动/关闭巡更系统时间表 管理巡更点区间时限表 巡更员在某一区间少于/超过要求的最短/最长时间时报警,并检测每个巡更点上操作者的身份 实现与 BAS、CCTV、防盗报警等系统的可靠联动
智能联动	IBMS 系统提供联动策略设置平台,使 SAS 系统内部各子系统之间实现可靠联动的同时,实现与 BAS、智能照明、公共广播、物业管理等相关系统的可靠联动

(3) IBMS 系统对 FAS 的集成管理见表 2-68。

IBMS 系统对 FAS 的管理功能表　　　　表 2-68

子系统/设备名称	某大楼 IBMS2003 系统实现的主要功能
智能联动	IBMS 系统提供联动策略设置平台,使 FAS 系统可实现与应急/公共广播系统、BAS、综合安保、物业管理等相关系统的可靠联动
消防报警自动化系统	使用者身份及权限识别 收集设备运行情况和各探测器的状态信息 授权用户可提取各种消防设备、探测器的运行状态数据及预警数据,在消防布防图上进行图文显示 检测到火灾或意外事件信息时,立即调出事故位置布防图,并以声音、颜色、闪烁等方式报警,同时提示相应的处理方法 主要检测项目:火灾报警探测器工作状态;消防排烟和正压送风系统的履历及联动时运行、故障情况;消防泵的履历及联动时运行、故障情况;喷淋泵的运行、故障情况;防火门的履历及联动时运行、故障情况;空调管道防火阀的履历及联动时运行、故障情况

（4）IBMS 系统对应急/公共广播系统的集成管理见表 2-69。

IBMS 系统对应急/公共广播系统的管理功能表　　表 2-69

子系统/设备名称	某大楼 IBMS2003 系统实现的主要功能
公共/紧急广播系统	监测设备运行状况，并记录设备报警信息 用户身份及权限识别 在不同物理区域不同时间进行个性化播放设置；并兼具统一协同功能 在消防、安防等紧急事件发生时可强制切换至相应的紧急广播模式 实现与各相关子系统，如消防、安防、BA、大屏幕等系统的联动应用
智能联动	IBMS 系统提供联动策略设置平台，使应急/公共广播系统可实现与综合安保、消防、BAS、防盗报警、公共广播、物业管理等相关系统的可靠联动

（5）物业管理系统见表 2-70。

物业管理系统功能表　　表 2-70

物业管理模块	某大楼物业管理系统实现的主要功能
设备资料管理系统	录入资料信息 修改、删除资料信息 检索、查询资料信息 打印资料信息 管理使用信息
设备维护管理系统	使用者身份及权限验证 资料、制度、保养计划等的录入 填写设备维护检修履历；查询及修改各项目的维修时间表；查询当日或某时间段内应做的工作 设备维护检修项目到预警期时，以声音或闪烁提示，并给出实施地点、所需的准备工作等，生成设备维护检修单 设备维护检修项目到期后未完成报警 系统或设备故障报警，则迅速调出相应资料、所需备件、故障地点，形成紧急维修单
设备备件管理系统	用户身份及权限核定 备品备件的资料录入分类 设定各备品备件的最少保有量、可替代件的型号规格、报废时限及存放位置 查询、修改库存情况及存放位置，形成各种库存报告 履行出库/入库手续，自动修改库存量，形成出/入库单 库存备件少于该物品的最少保有量或到报废期限时，提示管理员及时补足并生成购物单，或做相应的报废处理

物业管理模块	某大楼物业管理系统实现的主要功能
固定资产 管理系统	卡片和标签功能 照片、图纸和跟踪记录 模糊和组合查询 账表功能 统计分析 多功能打印,可以打印灵活多变的报表
停车库管 理系统	使用者身份和权限识别 定时收集设备的各种参数和状态信息 显示车库或停车场设备的布局图,检测各设备运行状态,进行故障报警并提示处理意见 查询各种卡的发卡情况和使用情况 停车场停车情况、收费情况、计费标准和各收费口值班员工情况的查询 遗失及作废卡统计报告;车流量统计报告 检测到强行开闸、破坏闸门或读卡机、使用黑名单卡、非法人员操作、一卡多用时报警,并提示处理意见
智能一卡 通系统	门禁系统: 使用者身份和权限识别 对大楼内工作人员的进出及访客的来往范围进行授权和管理 考勤系统: 使用者身份及权限识别 实时监测员工的刷卡状况 进行工作日及非工作日的设置 统计员工的日出勤记录 汇总员工的月出勤记录及年出勤记录,生成报表 员工档案管理 消费系统: 对消费者卡号、个人信息、消费明细清单、消费方式等进行记录和分析 对消费情况进行整理,并生成各种消费报表
其他业务 管理系统	基于 IBMS 综合管理平台,根据某大楼的特殊需求,定制开发个性化的业务管理系统
联动模块	IBMS 系统提供联动策略设置平台,使得物业管理系统在实现内部相关子系统联动的同时,可实现与综合安保、BAS、公共广播等相关系统的可靠联动

90

2.9 一卡通系统设备

2.9.1 一卡通系统的应用框架及主要技术指标

1. 一卡通系统应用框架

企业一卡通系统应用框架如图 2-22 所示。

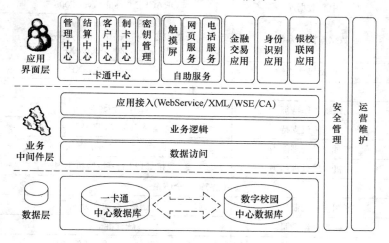

图 2-22　一卡通系统框架图

2. 系统主要技术指标

系统主要技术指标见表 2-71。

系统主要技术指标　　　　　　　　表 2-71

系统容量	
持卡人账户容量	大于 100 万户
持卡人部门级数	可达 4 级
持卡人身份种类	可达 256 类
持卡人权限类型	可达 16 类
商户账户容量	不限
子系统接入数量	可达 512 个

系统容量	
每工作站 POS 管理量	端口数×32
POS 管理量	控制工作站数×端口数×32
流水账保留天数	不限(由用户设置)
系统平台	
中心数据库	ORACLE 9i/sqlserver 2005
数据库操作系统	Solaris Unix RedHat Linux Advance server Windows 2000-2003-XP
工作站操作系统	Windows98-2000-XP
系统工作频率	
系统工作特征	7×24h 全天候实时
通信协议支持	支持 RS485,TCP-IP
实时交易处理能力	可达 2000 笔/分
多机并发处理能力	取机≤128 台·秒;脱机不限
系统密钥安全体系	
密钥生成控制体系	金融标准,动态分配
密钥分组数量	金融标准 5 组
数据加密方式	国家密委 Epass 软硬件二重
加密签名算法	金融 DES-MD5-HASH 等
卡片密码体系	一卡一密,一卡 16 密
系统主干网	
网络形式	用企业网络或组建一卡通专网
网络结构	星型拓扑
通信协议	TCP-IP
通信距离	不限
终端 POS 子网	
网络形式	用现网络或建专网均可,RS485 网络
网络结构	星型拓扑、总线均可
通信协议	TCP-IP,RS485

终端 POS 子网	
通信距离	≤1200m(RS485),TCP/IP 不限

一卡通软件	
软件程序结构	多层(基于 NET 架构,WebService 技术)
数据访问操作方式	C-S,B-S 结构,三层

终端 POS 机	
嵌入 PSAM 卡方式	完全支持
兼容使用的卡型	MIFARE ONE-S50-S70-PRO
联机/脱机交易模式	完全真实兼容
签到/签退方式	完全支持
黑(白)名单存储量	4 万个-每台终端 Pos
交易流水存储量	4 万笔-每台终端 POS 机
扎账流水存储量	128 笔每台终端 POS
应用程序升级方式	嵌入式-远程在线下载
后备电源	可配备(待机 10h)

卡片钱包	
钱包特点	真正的电子钱包方式
主钱包数量	1 个
主钱包限额	≤167772.15 元
小钱包数量	6
小钱包量大限额	≤655.35 元

挂失系统	
挂失卡生效时间	≤1~30s

第三方接入	
第三方接入方式	紧耦合-松耦合-不耦合三种

电话系统接入	
电话并发处理能力语音卡接口	最多 64 路并发 PCI/ISA

2.9.2　一卡通机具

1. 收费终端

（1）挂式机如图 2-23 所示，其参数指标见表 2-72。

图 2-23　挂式机

参数指标表　　　　　　　　　　　　表 2-72

指　标	参　数
显示方式	双面 LCD
键盘数量	前后防水双键盘
结算方式	金额、单价、份数、菜单
结算时间	<200ms
通信距离	<1200m
记录容量	8000～42000 条（动态分配）
电源电压	交流 185～245V
通信速度	9600bit/s
读卡模块	兼容 mifare 系列芯片
通信接口	RS-485、以太网接口
功耗	<10W
环境温度	−10～50℃
环境湿度	20%～85%RH
电池	1.7Ah/7.2V Ni-H 电池
断电数据保护时间	10 年
密码设定范围	十进制 000001～999999
重量	1.7kg
外形尺寸	170mm×245mm×70mm

（2）台式机如图 2-24 所示，其参数指标见表 2-73。

图 2-24 台式机

参数指标表　　　　　　　　　　　　　　　　表 2-73

指　　　标	参　　　数
显示方式	双面 LED/LCD
键盘数量	双面防水键盘
结算方式	金额、菜单、单价、份数
结算时间	＜200ms
通信距离	＜1200m
记录容量	8000～42000 条（动态分配）
电源电压	交流 185～245V
通信速度	9600bit/s
读卡模块	兼容 mifare 系列芯片
通信接口	RS-485、以太网接口
功耗	＜10W
环境温度	－10～50℃
环境湿度	20％～85％RH
电池	1.7Ah/7.2V　Ni-H 电池
断电数据保护时间	10 年
密码设定范围	十进制 000001～999999
重量	1.7kg
外形尺寸	295mm×188mm×102.5mm

2. 射频卡指纹一体机

（1）射频卡指纹一体机如图 2-25 所示，其指标参数见表2-74。

图 2-25　射频卡指纹一体机

指标参数表　　　　　　　　　　　　　表 2-74

指　标	参　数
显示方式	单面 LED
键盘数量	单面防水键盘
比对时间	<1.5s
通信距离	<1200m
通信速度	9600bit/s
读卡模块	Philips 新一代 Mifare1 读卡芯片
通信接口	RS-4232、RS-485、以太网
功耗	<6W
环境温度	−10～50℃
电源电压	交流 220V
大气压力	86～106kPa
外形尺寸	180mm×140mm×50mm

（2）考勤机如图 2-26 所示，其参数指标见表 2-75。

图 2-26　考勤机

参数指标表　　　　　　　　　　表 2-75

指　标	参　数
显示方式	128×64 点阵液晶
键盘数量	16 个防水按键
读卡时间	＜200ms
通信距离	＜1200m
记录容量	最大 48000 笔
通信速度	9600bit/s
读卡模块	兼容 mifare 系列芯片
通信接口	RS-485、以太网
功耗	＜6W
环境温度	−10～50℃
电源电压	交流 220V
断电数据保护时间	10 年
大气压力	86～106kPa
外形尺寸	178mm×128mm×35mm

3. 读卡器

读卡器如图 2-27 所示，其参数指标见表 2-76。

图 2-27　读卡器

参数指标表　　　　　　　　　　　　表 2-76

指　　标	参　　数
显示方式	单面 LED
键盘数量	无
读卡时间	<100ms
通信距离	<30m
通信速度	57600bit/s
读卡模块	兼容 mifare 系列芯片
通信接口	USB
功耗	<6W
环境温度	0~50℃
电源电压	DC9V
大气压力	86~106kPa
外形尺寸	141mm×100mm×32mm

4. 移动手持 POS 机

移动手持 POS 机如图 2-28 所示，其参数指标见表 2-77。

参数指标表　　　　　　　　　　　　表 2-77

指　　标	参　　数
显示方式	单面 LED,132×64dot,EL 背光
按键	16 键,带背光,一个飞梭拨轮
相对湿度	45%~85%RH(无凝露)

指　　标	参　　数
微处理器	32 位超级单片机
存储器	FLASH MEMORY：16MbitDRAM：16Mbit
读卡模块	Philips 新一代 Mifare1 读卡芯片
重量	130g
功耗	平均功耗＜0.5W，最大功耗＜3.5W
环境温度	−20～50℃
电池系统	850mAH 可充电锂电池
通信接口	1 个标准的 RS232 接口 1 个 IrDA 红外接口
外形尺寸	127mm×62mm×23mm

图 2-28　手持 POS 机

3 智能建筑设计与施工常用数据

3.1 综合管线

管路安装的具体要求见表 3-1。

管路安装具体要求 表 3-1

管路	安装要求
桥架	(1)桥架切割和钻孔断面处,应采取防腐措施 (2)桥架应平整,无扭曲变形,内壁无毛刺,各种附件应安装齐备,紧固件的螺母应在桥架外侧,桥架接口应平直、严密,盖板应齐全、平整 (3)桥架经过建筑物的变形缝(包括沉降缝、伸缩缝、抗震缝等)处应设置补偿装置,保护地线和桥架内线缆应留补偿余量 (4)桥架与盒、箱、柜等连接处应采用抱脚或翻边连接,并应用螺丝固定,末端应封堵 (5)水平桥架底部与地面距离不宜小于 2.2m,顶部距楼板不宜小于 0.3m,与梁的距离不宜小于 0.05m,桥架与电力电缆间距不宜小于 0.5m (6)桥架与各种管道平行或交叉时,其最小净距应符合国家标准《建筑电气工程施工质量验收规范》GB 50303—2002 第 12.2.1 条中表 12.2.1-2 的规定 (7)敷设在竖井内和穿越不同防火分区的桥架及管路孔洞,应有防火封堵 (8)弯头、三通等配件,宜采用桥架生产厂家制作的成品,不宜在现场加工制作
支吊架	(1)支吊架安装直线段间距宜为 1.5~2m,同一直线段上的支吊架间距应均匀 (2)在桥架端口、分支、转弯处不大于 0.5m 内,应安装支吊架 (3)支吊架应平直且无明显扭曲,焊接应牢固且无显著变形、焊缝应均匀平整,切口处应无卷边、毛刺 (4)支吊架采用膨胀螺栓连接固定应紧固,且应配装弹簧垫圈 (5)支吊架应做防腐处理 (6)采用圆钢作为吊架时,桥架转弯处及直线段每隔 30m 应安装防晃支架

管路	安 装 要 求

线管	(1)导管敷设应保持管内清洁干燥,管口应有保护措施和进行封堵处理
	(2)明配线管应横平竖直、排列整齐
	(3)明配线管应设管卡固定,管卡应安装牢固;管卡设置应符合下列规定:
	  1)在终端、弯头中点处的 150～500mm 范围内应设管卡
	  2)在距离盒、箱、柜等边缘的 150～500mm 范围内应设管卡
	  3)在中间直线段应均匀设置管卡。管卡间的最大距离应符合国家标准《建筑电气工程施工质量验收规范》GB 50303—2002 中表 14.2.6 的规定
	(4)线管转弯的弯曲半径不应小于所穿入线缆的最小允许弯曲半径,且不应小于该管外径的 6 倍;当暗管外径大于 50mm 时,不应小于 10 倍
	(5)砌体内暗敷线管埋深不应小于 15mm,现浇混凝土楼板内暗敷线管埋深不应小于 25mm,并列敷设的线管间距不应小于 25mm
	(6)线管与控制箱、接线箱、接线盒等连接时,应采用锁母将管口固定牢固
	(7)线管穿过墙壁或楼板时应加装保护套管,穿墙套管应与墙面平齐,穿楼板套管上口宜高出楼面 10～30mm,套管下口应与楼面平齐
	(8)与设备连接的线管引出地面时,管口距地面不宜小于 200mm;当从地下引入落地式箱、柜时,宜高出箱、柜内底面 50mm
	(9)线管两端应设有标志,管内不应有阻碍,并应穿带线
	(10)吊顶内配管,宜使用单独的支吊架固定,支吊架不得架设在龙骨或其他管道上
	(11)配管通过建筑物的变形缝时,应设置补偿装置
	(12)镀锌钢管宜采用螺纹连接,镀锌钢管的连接处应采用专用接地线卡固定跨接线,跨接线截面不应小于 4mm²
	(13)非镀锌钢管应采套管焊接,套管长度应为管径的 1.5～3 倍
	(14)焊接钢管不得在焊接处弯曲,弯曲处不得有弯曲、折皱等现象,镀锌钢管不得加热弯曲
	(15)套接紧定式钢管连接应符合下列规定:
	  1)钢管外壁镀层应完好,管口应平整、光滑、无变形
	  2)套接紧定式钢管连接处应采取密封措施
	  3)当套接紧定式钢管管径大于或等于 32mm 时,连接套管每端的紧定螺钉不应少于 2 个
	(16)室外线管敷设应符合下列规定:
	  1)室外埋地敷设的线管,埋深不宜小于 0.7m,壁厚应大于等于 2mm;埋设于硬质路面下时,应加钢套管,人手孔井应有排水措施
	  2)进出建筑物线管应做防水坡度,坡度不宜大于 15‰
	  3)同一段线管短距离不宜有 S 弯
	  4)线管进入地下建筑物,应采用防水套管,并应做密封防水处理

管路	安 装 要 求
线盒	(1)钢导管进入盒(箱)时应一孔一管,管与盒(箱)的连接应采用爪型螺纹接头管连接,且应锁紧,内壁应光洁便于穿线 (2)线管路有下列情况之一者,中间应增设拉线盒或接线盒,其位置应便于穿线: 　1)管路长度每超过 30m 且无弯曲 　2)管路长度每超过 20m 且仅有一个弯曲 　3)管路长度每超过 15m 且仅有两个弯曲 　4)管路长度每超过 8m 且仅有三个弯曲 　5)线缆管路垂直敷设时管内绝缘线缆截面宜小于 150mm²,当长度超过 30m 时,应增设固定用拉线盒 　6)信息点预埋盒不宜同时兼做过线盒

3.2 综合布线系统

3.2.1 系统设计

（1）综合布线系统应为开放式网络拓扑结构，应能支持语音、数据、图像、多媒体业务等信息的传递。

（2）使用对称布线的应用见表 3-2 所示。

使用对称布线的应用　　　　　　　　　　　表 3-2

应用	引用规范	日期	另外的名称
A 级(到 100kHz)			
用户交换机	当地要求		
X. 21	ITU-T Rec. X. 21	1996	
V. 11	ITU-T Rec. X. 21	1994	
B 级(到 1MHz)			
S0-Bus(扩展)	ITU-T Rec. I. 430	1993	ISDN Basic Access(物理层)
S0 点对点	ITU-T Rec. I. 430	1993	ISDN Basic Access(物理层)
S1/S2	ITU-T Rec. I. 431	1993	ISDN Primary Access(物理层)
CSMA/CD 1BASE5	ISO/IEC 8802-3	2000	星型局域网

続表

应用	引用规范	日期	另外的名称
C 级（到 16MHz）			
Ethernet 10Base-T	IEEE 802.3[b]	2005	CSMA/CD ISO/IEC 8802-3:2000
CSMA/CK 10BASE-T	ISO/IEC 8802-3	2000	
CSMA/CK 100BASE-T4	ISO/IEC 8802-3	2000	快速以太网
CSMA/CK 100BASE-T2	ISO/IEC 8802-3	2000	快速以太网
Token Ring 4Mbit/s	ISO/IEC 8802-5	1998	
ISLAN	ISO/IEC 8802-9	1996	综合业务局域网
Demand priority	ISO/IEC 8802-12	1998	VGAnyLAN™
ATM LAN 25.60Mbit/s	ATM Forum af-phy-0040.000	1995	ATM-25/3 类
ATM LAN 51.84Mbit/s	ATM Forum af-phy-0018.000	1994	ATM-52/3 类
ATM LAN 155.52Mbit/s	ATM Forum af-phy-0047.000	1995	ATM-155/3 类
D 级 1995（到 100MHz）			
CSMA/CD 100BASE-TX	ISO/IEC 8802-3	2000	快速以太网
CSMA/CD 1000BASE-T	ISO/IEC 8802-3	2000	吉比特以太网
Token Ring 16Mbit/s	ISO/IEC 8802-5	1998	
Token Ring 100Mbit/s	ISO/IEC 8802-5	2001	
TP-PMD	ISO/IEC FCD 9314-10	2000	对绞线物理媒体相关子层
ATM LAN 155.52Mbit/s	ATM Forum af-phy-0015.000	1994	ATM-155/5 类
Ethernet 100Base-TX	IEEE 802.3[b]	2005	快速以太网 ISO/IEC 8802-3:2000
PoE	IEEE 802.3 af	2003	Power over Ethernet

103

应用	引用规范	日期	另外的名称
D 级 2002(到 100MHz)			
Ethernet 1000Base-T	IEEE 802.3[b]	2005	吉比特以太网/ISO/IEC 8802-3:2000
Fibre Channel 1 Gbit/s	INCITS 435	2007	
Firewire 100Mbit/s	IEEE 1394b	1999	Firewire/5 类
Class E 2002(defined up to 500MHz)			
ATM LAN 1.2 Gbit/s	ATM Forum af-phy-0162.000	2001	ATM-1200/6 类
Ethernet 10GBase-T[a]	IEEE 802.3an	2006	万兆以太网
Class EA 2008(defined up to 500MHz)			
ATM LAN 1.2Gbit/s	ATM Forum af-phy-0162.000	2001	ATM-1200/6 类
Ethernet 10GBase-T	IEEE 802.3an	2006	万兆以太网
Fibre Channel 2 Gbit/s	INCITS 435	2007	
Fibre Channel 4 Gbit/s	INCITS 435	2007	
Class F 2002(defined up to 600MHz)			
ATM LAN 1.2Gbit/s	ATM Forum af-phy-×××.000	2001	ATM-1200
Ethernet 10GBase-T	IEEE 802.3an	2006	万兆以太网
FC-100-DF-EL-S	ISO/IEC 14165-114	2005	FA-FC-100-DF-EL-S
Class FA 2008(defined up to 1000MHz)			
ATM LAN 1.2Gbit/s	ATM Forum af-phy-×××.000	2001	ATM-1200
Ethernet 10GBase-T	IEEE 802.3an	2006	万兆以太网
FC-100-DF-EL-S	ISO/IEC 14165-114	2005	FA-FC-100-DF-EL-S

某级别支持的应用能被更高级别支持。当特定信道符合某应用的性能指标时,该应用可能会运行在较低级别信道上

a:2002E 级的最低性能不支持 10GBase-T。已安装的信道使用的 2002 年 6 类部件,如果符合 ISO/IEC TR-24750 规定的附加要求则会支持 10GBase-T。这种支持可能限于小于 100m 的信道。对于新的安装建议使用 EA 级或更高的部件。

b:包括 IEEE 802.3af:2003 规定的远程供电的支持。

(3) 综合布线系统的构成应符合以下要求:

1）综合布线系统基本构成应符合图 3-1 要求。

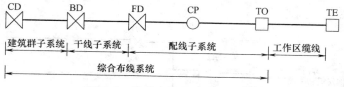

图 3-1　综合布线系统基本构成

注：配线子系统中可以设置集合点（CP 点），也可不设置集合点。

2）综合布线子系统构成应符合图 3-2 要求。

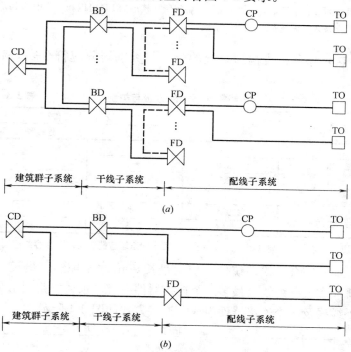

图 3-2　综合布线子系统构成

注：1. 图中的虚线表示 BD 与 BD 之间，FD 与 FD 之间可以设置主干缆线。

　　2. 建筑物 FD 可以经过主干缆线直接连至 CD，TO 也可以经过水平缆线
　　　直接连至 BD。

105

3）综合布线系统入口设施及引入缆线构成应符合图 3-3 的要求。

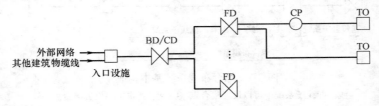

图 3-3　综合布线系统引入部分构成

注：对设置了设备间的建筑物，设备间所在楼层的 FD 可以和设备中的 BD/CD 及入口设施安装在同一场地。

（4）综合布线铜缆系统的分级与类别划分应符合表 3-3 的要求。

布线铜缆系统的分级与类别　　　　　表 3-3

系统分级	支持带宽/Hz	支持应用器件	
		电缆	连接硬件
A	100K	—	—
B	1M	—	—
C	16M	3 类	3 类
D	100M	5/5e 类	5/5e 类
E	250M	6 类	6 类
F	600M	7 类	7 类

注：3 类、5/5e 类（超 5 类）、6 类、7 类布线系统应能支持向下兼容的应用。

（5）综合布线系统信道应由最长 90m 水平缆线、最长 10m 的跳线和设备缆线及最多 4 个连接器件组成，永久链路则由 90m 水平缆线及 3 个连接器件组成。连接方式如图 3-4 所示。

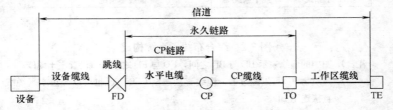

图 3-4　布线系统信道、永久链路、CP 链路构成

（6）光纤信道构成方式应符合以下要求：

1）水平光缆和主干光缆至楼层电信间的光纤配线设备应经光纤跳线连接构成，如图3-5所示。

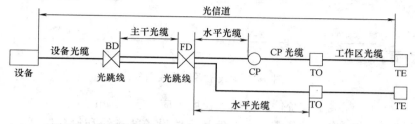

图 3-5　光纤信道构成（一）（光缆经电信间 FD 光跳线连接）

2）水平光缆和主干光缆在楼层电信间应经端接（熔接或机械连接）构成，如图3-6所示。

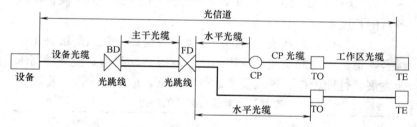

图 3-6　光纤信道构成（二）（光缆经电信间 FD 做端接）

注：FD 只设光纤之间的连接点。

3）水平光缆经过电信间直接连至大楼设备间光配线设备构成，如图3-7所示。

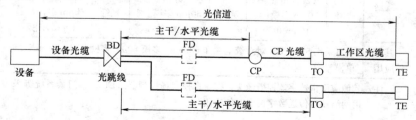

图 3-7　光纤信道构成（三）（光缆经电信间直接连接到设备间 BD）

注：FD 安装于电信间，只作为光缆路径的场合。

(7) 配线子系统各缆线长度应符合图 3-8 的划分并应符合下列要求：

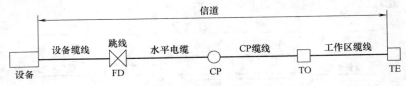

图 3-8　配线子系统缆线划分

1）配线子系统信道的最大长度不应大于 100m。

2）工作区设备缆线、电信间配线设备的跳线和设备缆线之和不应大于 10m，当大于 10m 时，水平缆线长度（90m）应适当减少。

3）楼层配线设备（FD）跳线、设备缆线及工作区设备缆线各自的长度不应大于 5m。

(8) 综合布线系统工程的产品类别及链路、信道等级确定应综合考虑建筑物的功能、应用网络、业务终端类型、业务的需求及发展、性能价格、现场安装条件等因素，应符合表 3-4 要求。

布线系统等级与类别的选用　　　　　　表 3-4

业务种类	配线子系统		干线子系统		建筑群子系统	
	等级	类别	等级	类别	等级	类别
语音	D/E	5e/6	C	3（大对数）	C	3（室外大对数）
数据	D/E/F	5e/6/7	D/E/F	5e/6/7（4 对）	—	—
	光纤	62.5μm 多模 50μm 多模/< 10μm 单模	光纤	62.5μm 多模 50μm 多模/< 10μm 单模	光纤	62.5μm 多模 50μm 多模/< 10μm 单模
其他应用	可采用 5e/6 类 4 对对绞电缆和 62.5μm 多模 50μm 多模/<10μm 多模、单模光缆					

注：其他应用指数字监控摄像头、楼宇自控现场控制器（DDC）、门禁系统等采用网络端口传送数字信息时的应用。

3.2.2　系统指标

(1) 综合布线系统工程设计中，系统信道的各项指标值应符合以下要求：

1）回波损耗（RL）只在布线系统中的 C、D、E、F 级采用，在布线的两端均应符合回波损耗值的要求，布线系统信道的最小回波损耗值应符合表 3-5 的规定。

信道回波损耗值　　　　　　表 3-5

频率(MHz)	最小回波损耗(dB)			
	C 级	D 级	E 级	F 级
1	15.0	17.0	19.0	19.0
16	15.0	17.0	18.0	18.0
100	—	10.0	12.0	12.0
250			8.0	8.0
600				8.0

2）布线系统信道的插入损耗（IL）值应符合表 3-6 的规定。

信道插入损耗值　　　　　　表 3-6

频率(MHz)	最大插入损耗(dB)					
	A 级	B 级	C 级	D 级	E 级	F 级
0.1	16.0	5.5	—	—	—	—
1	—	5.8	4.2	4.0	4.0	4.0
16			14.4	9.1	8.3	8.1
100			—	24.0	21.7	20.8
250				—	35.9	33.8
600						54.6

3）线对与线对之间的近端串音（NEXT）在布线的两端均应符合 NEXT 值的要求，布线系统信道的近端串音值应符合表 3-7 的规定。

信道近端串音值　　　　　　表 3-7

频率(MHz)	最小近端串音(dB)					
	A 级	B 级	C 级	D 级	E 级	F 级
0.1	27.0	40.0	—	—	—	—
1	—	25.0	39.1	60.0	65.0	65.0
16			19.4	43.6	53.2	65.0
100			—	30.1	39.9	62.9
250				—	33.1	56.9
600					—	51.2

4）近端串音功率和（PS NEXT）只应用于布线系统的 D、E、F 级，在布线的两端均应符合 PS NEXT 值要求，布线系统信道的 PS NEXT 值应符合表 3-8 的规定。

信道近端串音功率和值 表 3-8

频率(MHz)	最小近端串音功率和(dB)		
	D 级	E 级	F 级
1	57.0	62.0	62.0
16	40.6	50.6	62.0
100	27.1	37.1	59.9
250	—	30.2	53.9
600			48.2

5）线对与线对之间的衰减串音比（ACR）只应用于布线系统的 D、E、F 级，ACR 值是 NEXT 与插入损耗分贝值之间的差值，在布线的两端均应符合 ACR 值要求。布线系统信道的 ACR 值应符合表 3-9 的规定。

信道衰减串音比值 表 3-9

频率(MHz)	最小衰减串音比(dB)		
	D 级	E 级	F 级
1	56.0	61.0	61.0
16	34.5	44.9	56.9
100	6.1	18.2	42.1
250	—	—2.8	23.1
600	—	—	—3.4

6）ACR 功率和（PS ACR）为表 3-8 近端串音功率和值与表 3-6 插入损耗值之间的差值。布线系统信道的 PS ACR 值应符合表 3-10 规定。

信道 ACR 功率和值 表 3-10

频率(MHz)	最小 ACR 功率和(dB)		
	D 级	E 级	F 级
1	53.0	58.0	58.0
16	31.5	42.3	53.9
100	3.1	15.4	39.1
250	—	—5.8	20.1
600	—	—	—6.4

110

7）线对与线对之间等电平远端串音（ELFEXT）对于布线系统信道的数值应符合表 3-11 的规定。

信道等电平远端串音值　　表 3-11

频率（MHz）	最小等电平远端串音(dB)		
	D 级	E 级	F 级
1	57.4	63.3	65.0
16	33.3	39.2	57.5
100	17.4	23.3	44.4
250	——	15.3	37.8
600	——	——	31.3

8）等电平远端串音功率和（PS ELFEXT）对于布线系统信道的数值应符合表 3-12 的规定。

9）布线系统信道的直流环路电阻（d.c.）应符合表 3-13 的规定。

信道等电平远端串音功率和值　　表 3-12

频率（MHz）	最小 PS ELFEXT(dB)		
	D 级	E 级	F 级
1	54.4	60.3	62.0
16	30.3	36.2	54.5
100	14.4	20.3	41.4
250	——	12.3	34.8
600			28.3

信道直流环路电阻　　表 3-13

最大直流环路电阻(Ω)					
A 级	B 级	C 级	D 级	E 级	F 级
560	170	40	25	25	25

10）布线系统信道的传播时延应符合表 3-14 的规定。

信道传播时延偏差 表 3-14

频率	最大传播时延(μs)					
(MHz)	A 级	B 级	C 级	D 级	E 级	F 级
0.1	20.000	5.000	—	—	—	—
1	—	5.000	0.580	0.580	0.580	0.580
16	—	—	0.553	0.553	0.553	0.553
100	—	—	—	0.548	0.548	0.548
250	—	—	—	—	0.546	0.546
600	—	—	—	—	—	0.545

11）布线系统信道的传播时延偏差应符合表 3-15 的规定。

信道传播时延偏差 表 3-15

级别	频率(MHz)	最大传播时延(μs)
A	$f = 0.1$	—
B	$0.1 \leqslant f \leqslant 1$	—
C	$1 \leqslant f \leqslant 16$	0.050[1]
D	$1 \leqslant f \leqslant 100$	0.050[1]
E	$1 \leqslant f \leqslant 250$	0.050[1]
F	$1 \leqslant f \leqslant 600$	0.030[2]

[1] 0.050 为 0.045＋4×0.00125 计算结果。

[2] 0.030 为 0.025＋4×0.00125 计算结果。

12）一个信道的非平衡衰减［纵向对差分转换损耗（LCL）或横向转换损耗（TCL）］应符合表 3-16 的规定。在布线的两端均应符合不平衡衰减的要求。

信道非平衡衰减 表 3-16

等级	频率(MHz)	最大不平衡衰减(dB)
A	$f = 0.1$	30
B	$f = 0.1$ 和 1	在 0.1MHz 时为 45；1MHz 时为 20
C	$1 \leqslant f \leqslant 16$	30-5lg(f)f. f. S.
D	$1 \leqslant f \leqslant 100$	40-10lg(f)f. f. S.
E	$1 \leqslant f \leqslant 250$	40-10lg(f)f. f. S.
F	$1 \leqslant f \leqslant 600$	40-10lg(f)f. f. S.

（2）在综合布线系统工程设计中，永久链路的各项指标参数值应符合表 3-17～表 3-27 的规定。

1）布线系统永久链路的最小回波损耗值应符合表 3-17 的规定。

永久链路回波损耗值 表 3-17

频率（MHz）	最小回波损耗（dB）			
	C 级	D 级	E 级	F 级
1	15.0	19.0	21.0	21.0
16	15.0	19.0	20.0	20.0
100	—	12.0	14.0	14.0
250	—	—	10.0	10.0
600	—	—	—	10.0

2）布线系统永久链路的最大插入损耗值应符合表 3-18 的规定。

永久链路插入损耗值 表 3-18

频率（MHz）	最大插入损耗（dB）					
	A 级	B 级	C 级	D 级	E 级	F 级
0.1	16.0	5.5	—	—	—	—
1		5.8	4.0	4.0	4.0	4.0
16	—		12.2	7.7	7.1	6.9
100	—		—	20.4	18.5	17.7
250					30.7	28.8
600					—	46.6

3）布线系统永久链路的最小近端串音值应符合表 3-19 的规定。

永久链路最小近端串音值 表 3-19

频率（MHz）	最小 NEXT（dB）					
	A 级	B 级	C 级	D 级	E 级	F 级
0.1	27.0	40.0	—	—	—	—
1		25.0	40.1	60.0	65.0	65.0

频率(MHz)	最小 NEXT(dB)					
	A 级	B 级	C 级	D 级	E 级	F 级
16	—	—	21.1	45.2	54.6	65.0
100	—	—	—	32.3	41.8	65.0
250	—	—	—	—	35.3	60.4
600	—	—	—	—	—	54.7

4）布线系统永久链路的最小近端串音功率和值应符合表 3-20 的规定。

永久链路最小近端串音功率和值　　表 3-20

频率(MHz)	最小 PS NEXT(dB)		
	D 级	E 级	F 级
1	57.0	62.0	62.0
16	42.2	52.2	62.0
100	29.3	39.3	62.0
250	—	32.7	57.4
600	—	—	51.7

5）布线系统永久链路的最小 ACR 值应符合表 3-21 的规定。

永久链路最小 ACR 值　　表 3-21

频率(MHz)	最小 ACR(dB)		
	D 级	E 级	F 级
1	56.0	61.0	61.0
16	37.5	47.5	58.1
100	11.9	23.3	47.3
250	—	4.7	31.6
600	—	—	8.1

6）布线系统永久链路的最小 PS ACR 值应符合表 3-22 的规定。

114

永久链路最小 PS ACR 值　　　　　　　　　　表 3-22

频率(MHz)	最小 PS ACR(dB)		
	D 级	E 级	F 级
1	53.0	58.0	58.0
16	34.5	45.1	55.1
100	8.9	20.8	44.3
250	—	2.0	28.6
600	—	—	5.1

7）布线系统永久链路的最小等电平远端串音值应符合表 3-23 的规定。

永久链路最小等电平远端串音值　　　　　　　表 3-23

频率(MHz)	最小 ELFEXT(dB)		
	D 级	E 级	F 级
1	58.6	64.2	65.0
16	34.5	40.1	59.3
100	18.6	24.2	46.0
250	—	16.2	39.2
600	—	—	32.6

8）布线系统永久链路的最小 PS ELFEXT 值应符合表 3-24 规定。

永久链路最小 PS ELFEXT 值　　　　　　　　表 3-24

频率(MHz)	最小 PS ELFEXT(dB)		
	D 级	E 级	F 级
1	55.6	61.2	62.0
16	31.5	37.1	56.3
100	15.6	21.2	43.0
250	—	13.2	36.2
600	—	—	29.6

9）布线系统永久链路的最大直流环路电阻应符合表 3-25 的规定。

永久链路最大直流环路电阻（Ω） 表 3-25

A 级	B 级	C 级	D 级	E 级	F 级
530	140	34	21	21	21

10）布线系统永久链路的最大传播时延应符合表 3-26 的规定。

永久链路最大传播时延值 表 3-26

频率(MHz)	最大传播时延(μs)					
	A 级	B 级	C 级	D 级	E 级	F 级
0.1	19.400	4.400	—	—	—	—
1	—	4.400	0.521	0.521	0.521	0.521
16	—	—	0.496	0.496	0.496	0.496
100	—	—	—	0.491	0.491	· 0.491
250	—	—	—	—	0.490	0.490
600	—	—	—	—	—	0.489

11）布线系统永久链路的最大传播时延偏差应符合表 3-27 的规定。

永久链路最大传播时延偏差 表 3-27

等级	频率(MHz)	最大时延偏差(μs)
A	$f=0.1$	—
B	$0.1 \leqslant f \leqslant 1$	—
C	$1 \leqslant f \leqslant 16$	0.044[1]
D	$1 \leqslant f \leqslant 100$	0.044[1]
E	$1 \leqslant f \leqslant 250$	0.044[1]
F	$1 \leqslant f \leqslant 600$	0.026[2]

① 0.044 为 0.9×0.045＋3×0.00125 计算结果。

② 0.026 为 0.9×0.025＋3×0.00125 计算结果。

116

（3）各等级的光纤信道衰减值应符合表 3-28 的规定。

信道衰减值（dB）   表 3-28

级别	单模		多模	
	1310mm	1550mm	850mm	1300mm
OF-300	1.80	1.80	2.55	1.95
OF-500	2.00	2.00	3.25	2.25
OF-2000	3.50	3.50	8.50	4.50

（4）光缆标称的波长，每公里的最大衰减值应符合表 3-29 的规定。

最大光缆衰减值（dB/km）   表 3-29

项目	OM1,OM2 及 OM3 多模		OS1 单模	
波长	850mm	1300mm	1310mm	1550mm
衰减	3.5	1.5	1.0	1.0

（5）多模光纤的最小模式带宽应符合表 3-30 的规定。

多模光纤模式带宽   表 3-30

光纤类型	光纤直径（μm）	最小模式带宽（MHz·km）		
		过量发射带宽		有效光发射带宽
		波长		
		850nm	1300nm	850nm
OM1	50 或 62.5	200	500	—
OM2	50 或 62.5	500	500	—
OM3	50	1500	500	2000

3.2.3 工作区

（1）一个独立的需要设置终端设备（TE）的区域宜划分为一个工作区。工作区应由配线子系统的信息插座模块（TO）延伸到终端设备处的连接缆线及适配器组成。

（2）适配器是一种使不同大小或不同类型的插头同信息插座相匹配、提供引线的重新排列、允许多芯大电缆分成较小的几股、使电缆间互连的设备。适配器的类型及配接见表 3-31 所示。

表 3-31

适配器类别及连接关系示例

适配器名称	型号	特　点	连接简图示例
平衡— 非平衡	353A	4对线　网络耦合器　BNC连接器 8脚模块化插座	
	353M	BNC1　4×UTP／接25引脚小型带状插座 BNC8　4×UTP	
匹配适配器	369A	提供阻抗匹配网络　8芯模块化插头 8芯插座	
端接 适配器	366A (适合365A)	365A:一端带双胶电缆插头电缆,另一端配有8芯插座	
	400K	400K:一端为8芯插头,另一端为6芯,2芯两个间口,6芯接电脑终端,2芯接普通话机	
连接适配器	361A	361A:一条双胶同轴电缆,一端为8脚模块化插座,另一端为两个连接器;TNC,BNC	
拆接适配器	367A	367A:具有复接的8个I/O端口,用于在同一房间或同一房间内的所有工作站桥接在一个端口上	
保护性 适配器	355A,B	355:它的一侧为8脚模块化插座,另一侧为25脚EIA连接器 它通过起保护作用的电阻,二级管线路,将EIA-232-C25脚连接器与8脚模块化插座相连	

118

（3）工作区信息插座的安装及对工作区的电源应符合表3-32的规定。

信息插座及电源插座表   表 3-32

信息插座		电源插座
安装在地面上	安装在墙面或柱子上	1)每1个工作区至少应配置1个220V交流电源插座
接线盒应防水和抗压	信息插座底盒、多用户信息插座盒及集合点配线箱体的底部离地面的高度宜为300mm	2)工作区的电源插座应选用带保护接地的单相电源插座，保护接地与零线应严格分开

3.2.4 配线子系统

（1）配线子系统应由工作区的信息插座模块、信息插座模块至电信间配线设备（FD）的配线电缆和光缆、电信间的配线设备及设备缆线和跳线等组成。

（2）电信间 FD 与电话交换配线及计算机网络设备之间的连接方式应符合以下要求：

1）电话交换配线的连接方式应符合图 3-9 要求。

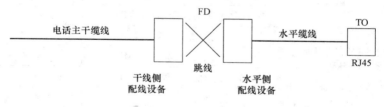

图 3-9　电话系统连接方式

2）计算机网络设备连接方式。

① 经跳线连接应符合图 3-10 要求。

图 3-10　数据系统连接方式（经跳线连接）

② 经设备缆线连接方式应符合图 3-11 要求。

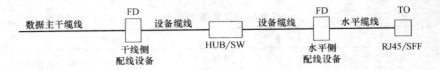

图 3-11　数据系统连接方式（经设备缆线连接）

3.2.5　电气防护及接地

（1）综合布线电缆与附近可能产生高电平电磁干扰的电动机、电力变压器、射频应用设备等电器设备之间应保持必要的间距，并应符合下列规定：

1）综合布线电缆与电力电缆的间距应符合表 3-33 的规定。

综合布线电缆与电力电缆的间距　　　　　表 3-33

类别	与综合布线接近状况	最小间距(mm)
380V 电力电缆 <2kV·A	与缆线平行敷设	130
	有一方在接地的金属线槽或钢管中	70
	双方都在接地的金属线槽或钢管中①	10①
380V 电力电缆 2~5kV·A	与缆线平行敷设	300
	有一方在接地的金属线槽或钢管中	150
	双方都在接地的金属线槽或钢管中②	80
380V 电力电缆 >5kV·A	与缆线平行敷设	600
	有一方在接地的金属线槽或钢管中	300
	双方都在接地的金属线槽或钢管中②	150
配电箱	与配线设备接近	≥100
变电室、电梯机房、空调机房	尽量远离	≥200

① 当 380V 电力电缆<2kV·A，双方都在接地的线槽中，且平行长度≤10m 时，最小间距可为 10mm。

② 双方都在接地的线槽中，系指两个不同的线槽，也可在同一线槽中用金属板隔开。

120

2) 综合布线系统缆线与配电箱、变电室、电梯机房、空调机房之间的最小净距宜符合表 3-34 的规定。

综合布线缆线与电气设备的最小净距 表 3-34

名称	最小净距(m)
配电箱	1
变电室	2
电梯机房	2
空调机房	2

3) 墙上敷设的综合布线缆线及管线与其他管线的间距应符合表 3-35 的规定。当墙壁电缆敷设高度超过 6000mm 时，与避雷引下线的交叉净距应按下式计算：

$$S \geqslant 0.05L \tag{3-1}$$

式中　S——交叉净距（mm）；

　　　L——交叉处避雷引下线距地面的高度（mm）。

综合布线缆线及管线与其他管线的间距 表 3-35

其他管线	平行净距(mm)	垂直交叉净距(mm)
避雷引下线	1000	300
保护地线	50	20
给水管	150	20
压缩空气管	150	20
热力管(不包封)	500	500
热力管(包封)	300	300
煤气管	300	20

（2）综合布线系统应根据环境条件选用相应的缆线和配线设备，或采取防护措施，并应符合表 3-36 的规定。

综合布线的规定要求 表 3-36

序号	规定要求
1	当综合布线区域内存在的电磁干扰场强低于 3V/m 时,宜采用非屏蔽电缆和非屏蔽配线设备

序号	规定要求
2	当综合布线区域内存在的电磁干扰场强高于 3V/m 时,或用户对电磁兼容性有较高要求时,可采用屏蔽布线系统和光缆布线系统
3	当综合布线路由上存在干扰源,且不能满足最小净距要求时,宜采用金属管线进行屏蔽,或采用屏蔽布线系统及光缆布线系统

3.3 卫星接收及有线电视系统

(1) 系统图像质量的主观评价应符合下列规定:

1) 图像质量采用五级损伤制评定,五级损伤制评分分级应符合表 3-37 的规定。

五级损伤制评分分级　　　　表 3-37

图像质量损伤的主观评价	评分分级
图像上不觉察有损伤或干扰存在	5
图像上有稍可觉察的损伤或干扰,但不讨厌	4
图像上有明显察觉的损伤或干扰,令人感到讨厌	3
图像上损伤或干扰较严重,令人相当讨厌	2
图像上损伤或干扰极严重,不能观看	1

2) 图像和伴音(包括调频广播声音)质量损伤的主观评价项目应符合表 3-38 的规定。

主观评价项目　　　　表 3-38

项目	损伤的主观评价现象
载噪比	噪波,即"雪花干扰"
交扰调制比	图像中移动的垂直或斜图案,即"窜台"
载波互调比	图像中的垂直,倾斜或水平条纹,即"网纹"
载波交流声比	图像中上下移动的水平条纹,即"滚道"
同波值	图像中沿水平方向分布在右边一条或多条轮廓线,即"重影"
色/亮度时延差	色、亮信息没有对齐,即"彩色鬼影"
伴单和调频广播的声音	背景噪声,如嗞嗞声、哼声、蜂声和串音等

（2）系统的施工质量应符合国家现行标准《有线电视系统技术规范》GB 50200—94 第 4.4 节和《卫星广播电视地球站系统设备安装调试验收规范》GY 5040—2009 的有关规定，其工程施工质量检查应符合表 3-39 的规定。

工程施工质量检查 表 3-39

项目		质 量 检 查
卫星天线	天线	1) 天线支座和反射面安装牢固 2) 天线支座的安装方位对着南方,天线方位角可调范围符合标准 3) 天线调节机构应灵活、连续,锁定装置应方便牢固,有防锈蚀、灰沙措施 4) 天线反射面应有防腐蚀措施
	馈源	1) 馈源的极化转换结构方便,转换时不影响性能 2) 水平极化面相对地平面能微调±45° 3) 馈源口有密封措施,防止雨水进入波导 4) 法兰盘连接处和电缆插接处应有防水措施
	避雷针及接地	1) 避雷针安装高度正确 2) 接地线符合要求 3) 各部位电气连接良好 4) 接地电阻不大于 4Ω
前端机房(含设备间的质量检查)		1) 机房通风、空调散热等设备应按照设计要求安装 2) 机房应有避雷防护措施、接地措施 3) 机房供电方式、供电路数 4) 机房供电有备用电源(采用 UPS 电源),需测试电源备份切换,供电中断后能保证多长时间供电不间断 5) 设备及部件安装地点正确 6) 按设计留足预留长度光缆,按合适的曲率半径盘留 7) 光缆终端合安装应平稳,远离热源 8) 从光缆终端盒引出单芯光缆或尾巴光缆所带的连接器,按设计要求插入 ODF/ODP 的插座。暂时不用的插头和插座均应盖上防尘防侵蚀的塑料帽 9) 光纤在终端盒内的接头应稳妥固定,余纤在盒内盘绕的弯曲半径应大于规定值 10) 连线正确、美观、整齐 11) 进、出缆线符合要求,标识齐全、正确

项目	质 量 检 查
传输设备	1)所用设备(光工作站/放大器)型号与设计一致 2)各连接点正确、牢固、防水 3)空余端正确处理、外壳接地 4)有避雷防护措施(接地),并接地电阻不大于4Ω 5)箱内缆线排列整齐,标识准确醒目
分支分配器	1)分支分配器箱齐全,位置合理 2)分支分配器安装型号与设计型号相符 3)端口输入/输出连接正确 4)空余端口安装终接电阻 5)电缆长度预留适当,箱内电缆排列整齐
缆线及接插件	1)缆线走向、布线和敷设合理、美观;标识齐全、正确 2)缆线弯曲、盘接符合要求 3)缆线与其他管线间距符合要求 4)电缆接头的规格、程式与电缆完全匹配 5)电缆接头与电缆的配合紧密(压线钳压接牢固程度),无脱落、松动等 6)电缆接头与分支分配器F座/设备接头配合紧密,无松动等 7)接头屏蔽良好,无屏蔽网外露,铝管电缆接头制作过程中无外屏蔽变形或折断 8)电缆接头制作完成后,电缆的芯线留驻长度应适当,其长度范围应改是高出接头端面0～2mm 9)接插部件牢固、防水防腐蚀
供电器、电源线	符合设计、施工要求;有防雷措施
用户设备	1)布线整齐、美观、牢固 2)用户盒安装位置正确、安装平整 3)用户接地盒、浪涌保护器安装符合要求

3.4 会议系统

(1) 智能建筑中会议系统,根据规模和实际需求,有不同的组合系统。在《电子会议系统工程设计规范》编制中介绍了几种典型电子会议系统工程的子系统,见表 3-40。

典型电子会议系统的子系统

表3-40

子系统	小型讨论会议室	中小型同传会议厅	政府中型会议厅	会议中心多功能厅	人大、政协大会堂	大型国际会议厅
会议讨论系统	√	√		√	√	√
有线同声传译系统		√			√	√
红外线同声传译系统		√(可选)			√(可选)	√(可选)
会议表决系统		√	√	√	√	√
会议扩声系统	√	√	√	√	√	√
会议显示系统	√	√	√	√	√	√
会议摄像系统		√	√	√	√	√
会议录制和播放系统		√	√	√	√	√
集中控制系统	√(可选)	√	√	√	√	√
会场出入口签到管理系统		√(可选)			√	
控制室			√	√	√	√

(2) 会议类扩声系统声学特性指标见表 3-41。

表 3-41

会议类扩声系统声学特性指标

等级	最大声压级 (dB)	传输频率特性	传声增益 (dB)	稳态声场不均匀度 (dB)	早后期声能比 (可选项) (dB)	系统总噪声级
一级	额定通带内：大于或等于 98dB	以 125～4000Hz 的平均声压级为 0dB，在此频带内允许范围：-6dB～+4dB；63～125Hz 和 4000～8000Hz 的允许范围见图 3-12	125～4000Hz 的平均值大于或等于 -10dB	1000Hz，4000Hz 时小于或等于 8dB	500～2000Hz 内 1/1 倍频带的平均值≥+3dB	NR-25
二级	额定通带内：大于或等于 95dB	以 125～4000Hz 的平均声压级为 0dB，在此频带内允许范围：-6dB～+4dB；63～125Hz 和 4000～8000Hz 的允许范围见图 3-13	125～4000Hz 的平均值大于或等于 -12dB	1000Hz，4000Hz 时小于或等于 10dB	500～2000Hz 内 1/1 倍频带的平均值≥+3dB	NR-25

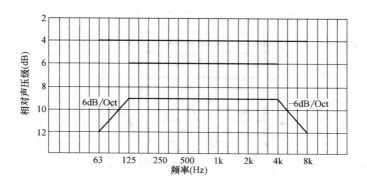

图 3-12   会议类一级传输频率特性范围

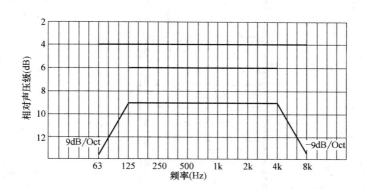

图 3-13   会议类二级传输频率特性范围

（3）语言传输指数 STI 值在 0～1 之间，按主观感觉分为 5 档，见表 3-42。

语言传输指数 STI 的分级   表 3-42

STI 值	0.00～0.30	0.30～0.45	0.45～0.60	0.60～0.75	0.75～1.00
等级	Bad(劣)	Poor(差)	Fair(中)	Good(良)	Excellent(优)

（4）会议扩声系统由声源设备、传输部分、音频处理设备和音频扩声设备组成，如图 3-14 所示。

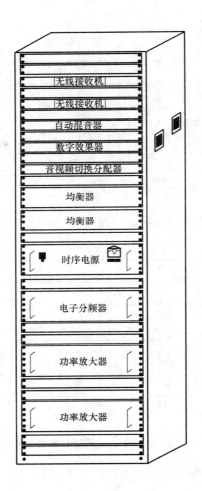

图 3-14 会议扩声系统

（5）扩声系统设备间连接方法如图 3-15 所示。

（6）对于会议室混响时间的确定

1）根据会议室容积查混响时间范围。图 3-16 中为满场混响时间范围。

128

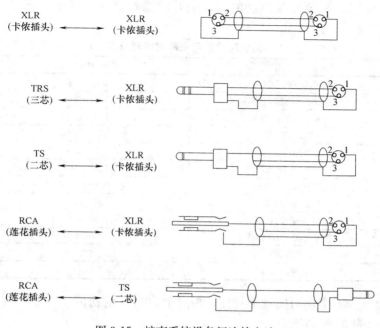

图 3-15 扩声系统设备间连接方法

说明:

    1. 标号 1 为接地 (GND)。

    2. 标号 2 为热端 (Hot) 或称高端 (Hi)。

    3. 标号 3 为冷端 (Cold) 或称低端 (Low)。

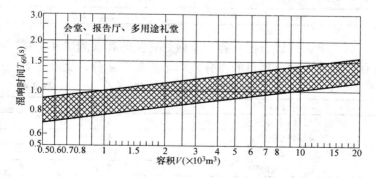

图 3-16 满场混响时间范围

2）根据会议室功能与混响时间推荐值（500Hz 空场），见表 3-43。

会议室功能与混响时间对应表　　表 3-43

厅堂用途	混响时间(s)
电影院、会议室	1.0～1.2
立体声宽银幕电影院	0.8～1.0
演讲、戏剧、话剧	1.0～1.4
歌剧、音乐厅	1.5～1.8
多功能厅、排练室	1.3～1.5
声乐、乐器练习室	0.3～0.45
电影同期录音摄影棚	0.8～0.9
语音录音(播音)	0.4～0.5
音乐录音(播音)	1.2～1.5
电视会议、同声传译室	≈0.4
多功能体育馆	<2
电视演播室	0.8～1

3）混响时间频率特性，相对于 500Hz 的比值 T_{60}^f / T_{60}^{500} 宜符合表 3-44 的规定。

混响时间频率与对应比值　　表 3-44

频率(Hz)	混响时间比值(T_{60}^f / T_{60}^{500})
125	1.0～1.3
250	1.0～1.15
2000	0.9～1.0
4000	0.8～1.0

（7）会议系统自检自验中应做好有关的客观测试和主观评价工作。各主观评价项目的得分值均不应低于 4 分，见表 3-45。

主观评价五级评分制　　表 3-45

声音质量主观评价	评分等级
质量极佳，十分满意	5 分(优)
质量好，比较满意	4 分(良)
质量一般，尚可接受	3 分(中)
质量差，勉强能听	2 分(差)
质量低劣，无法忍受	1 分(劣)

3.5 信息设施系统

(1) 信息导引及发布系统结构示意如图 3-17 所示。

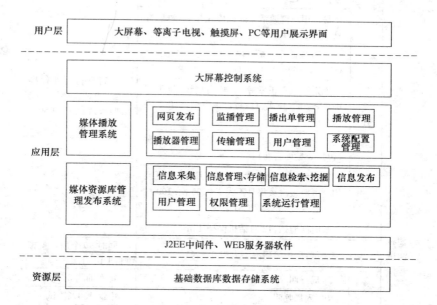

图 3-17　信息导引及发布系统结构示意图

(2) 电话交换系统的检验内容见表 3-46。

电话交换系统的检验内容　表 3-46

通电测试前检查	标称工作电压为－48V	允许变化范围 －57～－40V
硬件检查测试	可见可闻报警信号工作正常	执行现行行业标准《程控电话交换设备安装验收规范》YD 5077 的有关规定
	装入测试程序,通过自检,确认硬件系统无故障	
系统检查测试	系统各类呼叫,维护管理,信号方式及网络支持功能	

续表

通电测试前检查		标称工作电压为－48V	允许变化范围－57～－40V
初验测试	可靠性	不得导致50%以上的用户线、中继线不能进行呼叫处理	执行现行行业标准《程控电话交换设备安装验收规范》YD 5077的有关规定
		每一用户群通话中断或停止接续，每群每月不大于0.1次	
		中继群通话中断或停止接续：0.15次/月(≤64话路)0.1次/月(64～480话路)	
		个别用户不正常呼入、呼出接续：每千门用户，≤0.5户次/月；每百条中继，≤0.5线次/月	
		一个月内，处理机再启动指标为1～5次(包括3类再启动)	
		软件测试故障不大于8个/月，硬件更换印刷电路板次数每月不大于0.05次/100户及0.005次/30路PCM系统	
		长时间通话，12对话机保持48h	
	障碍率测试：局内障碍率不大于3.4×10^{-4}		同时40个用户模拟呼叫10万次
	性能测试	本局呼叫	每次抽测3～5次
		出、入局呼叫	中继100%测试
		汇接中继测试(各种方式)	各抽测5次
		其他各类呼叫	—
		计费差错率指标不超过10^{-4}	—
		特服业务(特别为110、119、120等)	作100%测试
		用户线接入调制解调器，传输速率为2400bit/s，数据误码率不大于1×10^{-5}	—
		2B+D用户测试	—
	中继测试：中继电路呼叫测试，抽测2～3条电路(包括各种呼叫状态)		主要为信令和接口
	接通率测试	局间接通率应达99.96%以上	60对用户，10万次
		局间接通率应达98%以上	呼叫200次
	采用人机命令进行故障诊断测试		—

(3) 接入网系统的检验内容见表 3-47。

接入网系统的检验内容　　　　　表 3-47

		机房环境
安装环境检查		电源
		接地电阻值
设备安装检查		管线敷设
		设备机柜及模块
系统检测	收发器线路接口	功率谱密度
		纵向平衡损耗
		过压保护
	用户网络接口	25.6Mbit/s 电接口
		10BASE-T 接口
		USB 接口
		PCI 接口
	业务节点接口(SNI)	STM-1(155Mbit/s)光接口
		电信接口
		分离器测试
		传输性能测试
	功能验证测试	传输功能
		管理功能

3.6 信息化应用系统

(1) 信息化应用系统性能表见表 3-48。

信息化应用系统性能表　　　　　表 3-48

系统（工程）名称：_____　　　　　编号：

建设单位	用户单位	监理单位	施工单位
系统性能参数			
序号	性能参数	具体性能要求	备注

(2) 信息化应用系统问题报告单见表 3-49。

信息化应用系统问题报告单　　　　表 3-49

编号：

系统（工程）名称：＿＿＿＿＿＿　　　　　施工单位：＿＿＿＿＿＿

问题编号		报告日期	
问题类型	□运行错误　□功能不满足要求　□性能不满足要求　□其他：		
报告人		联系方式	
调试人员		联系方式	
出现问题的操作步骤			
问题描述			
期望结果			
问题出现次数		问题可重现率	
计算机信息			

硬件配置	CPU	内存	系统盘可用空间	屏幕分辨率	屏幕颜色数

软件环境	操作系统	浏览器软件	语言设置	其他

问题报告人签名		系统调试人员签名	

(3) 信息化应用系统问题处理记录见表 3-50。

信息化应用系统问题处理记录表   表 3-50

系统（工程）名称：_____   施工单位：_____

编号：

序号	问题编号	问题描述	处理意见	处理过程	处理结果	处理人	备注

注：1. 问题编号与表 3-49 中的问题编号一致。

2. 处理意见可以为同意修改或者拒绝修改。

3. 处理意见为同意修改的应简述处理过程和处理结果。

4. 处理意见为拒绝修改的应在备注栏中写清拒绝修改的理由及依据的设计文件或标准规范的相关条目。

3.7　建筑设备监控系统

（1）建筑设备监控系统设备主要包括：控制台、网络控制器、服务器、工作站等控制中心设备；温度、湿度、压力、压差、流量、空气质量等各类传感器；电动风阀、电动水阀、电磁阀等执行器；现场控制器等。这些设备的安装应符合相应的规定，施工工艺流程图如图 3-18 所示。

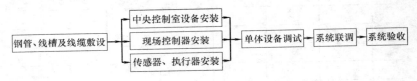

图 3-18　工艺流程

（2）现场控制器箱安装方法如图 3-19 所示。

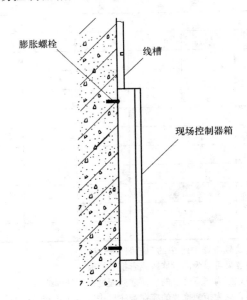

图 3-19　现场控制器箱安装示意图

（3）温、湿度传感器安装要求见表 3-51。

温、湿度传感器安装要求 表 3-51

序号	要　　求
1	不安装在阳光直射处
2	远离较强振动区域
3	远离电磁干扰区域
4	室外型温、湿度传感器有防风雨的防护罩
5	与门距离≥2m
6	与窗距离≥2m
7	与出风口位置距离≥2m
8	并列安装距地高度一致,并列安装高度差≤1m
9	同一区域内安装的传感器,高度差≤5m

（4）风管型温湿度传感器的安装要求见表 3-52。

风管型温湿度传感器的安装要求 表 3-52

序号	要　　求
1	安装在风速平稳处
2	能反映风温的地方
3	在风管保温层完成后安装
4	安装在风管直管段
5	避开风管死角位置
6	避开蒸汽放空口
7	安装在便于调试、维修的地方

（5）水管温度传感器的安装要求见表 3-53。

水管温度传感器的安装要求 表 3-53

序号	要　　求
1	在暖通水管路完毕后进行安装
2	不在焊缝开孔焊接
3	不在边缘开孔焊接

序号	要　　求
4	感温段大于管道口径的1/2,安装在管道的顶部
5	感温段小于管道口径的1/2,安装在管道的侧面或底部
6	开孔焊接,必须在工艺管道防腐、衬里、吹扫和压力试验前进行,安装在水流温度变化灵敏处,安装在具有代表性的地方
7	不得在阀门附近
8	不得在水流死角
9	不得在振动较大处

（6）风管型压力传感器安装示意图如图 3-20 所示，其安装具体要求见表 3-54。

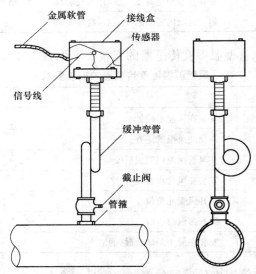

图 3-20　风管型压力传感器安装示意图

风管型压力传感器安装具体要求　　　　**表 3-54**

序号	要　　求
1	安装在便于调试、维修处
2	安装在温、湿度传感器的上游侧

続表

序号	要　　求
3	在风管保温层完成之前安装风管型压力、压差传感器
4	1)风管型压力、压差传感器安装在风管直管段 2)如不能安装在直管段,避开风管通风死角 3)如不能安装在直管段,避开蒸汽放空口

（7）水管型压力与压差传感器的安装要求见表 3-55。

水管型压力与压差传感器的安装要求　　　　表 3-55

序号	要　　求
1	水管型蒸汽型压力与压差传感器安装开孔焊接工作必须在工艺管道的防腐、衬里、吹扫和压力试验前进行
2	不得在管道焊缝开孔及焊接
3	不得在边缘处开孔及焊接
4	直压段大于管道口径的 2/3 时,安装在管道顶部
5	安装在侧面水流流速稳定的位置
6	安装在底部水流流速稳定的位置
7	不得装在阀门等阻力部件的附近
8	不得装在水流流速死角处
9	不得装在振动较大处

（8）风压压差开关安装示意图如图 3-21 所示，其安装具体要求见表 3-56。

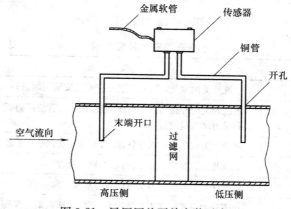

图 3-21　风压压差开关安装示意图

<table>
<tr><td colspan="2" align="center">**风压压差开关安装具体要求**</td><td align="right">表 3-56</td></tr>
</table>

序号	要　　求
1	安装压差开关时,宜将薄膜处于垂直于平面的位置
2	风压压差开关的安装应在做风管保温层时完成安装
3	风压压差开关宜安装在便于调试、维修的地方
4	风压压差开关安装离地高度不应小于 0.5m
5	风压压差开关引出管的安装不应影响空调器本体的密封性
6	风压压差开关的线路应通过软管与压差开关连接
7	风压压差开关应避开蒸汽放空口

（9）水流开关安装示意图如图 3-22 所示，其安装具体要求
见表 3-57。

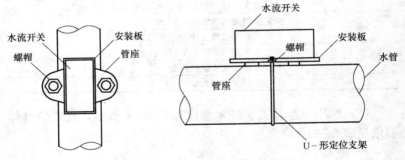

图 3-22　水流开关安装示意图

水流开关安装具体要求　　　　　　表 3-57

序号	要　　求
1	水流开关的安装,应与工艺管道预制、安装同时进行
2	水流开关的开孔与焊接工作,必须在工艺管道的防腐、衬里、吹扫和压力试验前进行
3	水流开关宜安装在水平管段上,不应安装在垂直管段上
4	水流开关宜安装在便于调试、维修的地方
5	水流开关上标识的箭头方向应与水流方向一致
6	水流开关应安装在水平管段上,不应安装在垂直管段上

（10）电磁流量计的安装示意图如图 3-23 所示，其安装要求见表 3-58。

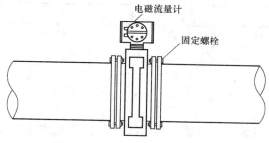

图 3-23　电磁流量计安装示意图

电磁流量计的安装要求　　　　表 3-58

序号	要　　求
1	电磁流量计应安装在避免有较强的交直流磁场或有剧烈振动的场所
2	流量计、被测介质及工艺管道三者之间应该连成等电位，并应接地
3	电磁流量计应在流量调节阀的上游，流量计的上游应有直管段，长度 L 为 $10D$（D—管径），下游段应有 4～5 倍管径的直管段
4	在垂直的工艺管道安装时，液体流向自下而上，以保证导管内充满被测液体或不致产生气泡，水平安装时必须使电极处在水平方向，以保证测量精度

（11）涡轮式流量传感器安装要求见表 3-59。

涡轮式流量传感器安装要求　　　　表 3-59

序号	要　　求
1	涡轮式流量传感器安装时要水平，流体的流动方向必须与传感器壳体上所示的流向标志一致。如果没有标志，可按流体的进口端导流器比较尖，中间有圆孔和流体的出口端导流器不尖，中间没有圆孔判断方向
2	当可能产生逆流时，流量变送器后面装止阀，流量变送器应在测压点上游并距测压点 3.5～5.5 倍管径的位置，测温应设置在下游侧，距流量传感器 6～8 倍管径的位置
3	流量传感器需要装在一定长度的直管上，以确保管道内流速平稳。流量传感器上应留有 10 倍管径的直管，下游有 5 倍管径长度的直管。若传感器前后的管道中安装有阀门，管道缩径、弯管等影响流量平稳的设备，则直管段的长度还需相应增加。流量传感器信号的传输线宜采用屏蔽和带有绝缘护套的电缆

（12）室内空气质量传感器的安装要求见表3-60。

室内空气质量传感器的安装要求 　　　　表 3-60

序号	要　　求
1	室内空气质量传感器的安装位置应尽可能远离窗、门和出风口的位置
2	探测气体比重轻的空气质量传感器应安装在房间的上部
3	探测气体比重重的空气质量传感器应安装在房间的下部
4	室内空气质量传感器的安装位置不能影响建筑物的美观和完整性

（13）风管式空气质量传感器的安装要求见表3-61。

风管式空气质量传感器的安装要求 　　　　表 3-61

序号	要　　求
1	空气质量传感器应安装在回风通道内
2	空气质量传感器应安装在风管的直管段，如不能安装在直管段，则应避开风管内通风死角的位置
3	探测气体比重轻的空气质量传感器应安装在风管或房间的上部，探测气体比重重的空气质量传感器应安装在风管或房间的下部

（14）风阀控制器的安装示意图如图 3-24 所示，其安装要求见表 3-62。

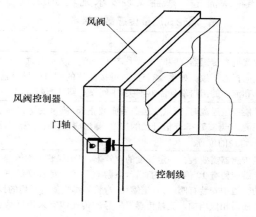

图 3-24　风阀控制器的安装示意图

风阀控制器的安装要求　　　　　　　　　　　表 3-62

序号	要　　　求
1	风阀控制器安装前应按安装使用说明书的规定检查工作电压、控制输入、线圈和阀体间的电阻等,应符合设计和产品说明书的要求,风阀控制器与风阀门轴的连接应固定牢固。风阀控制器在安装前宜进行模拟动作试验
2	风阀控制器上的开闭箭头的指向应与阀门开闭方向一致
3	风阀的机械机构开闭应灵活,无松动或卡涩现象
4	风阀控制器不能直接与风门挡板轴相连接时,则可通过附件与挡板轴相连,但其附件装置必须保证风阀控制器旋转角度的调整范围
5	风阀控制器应与风阀门轴垂直安装,垂直角度不小于 85°
6	风阀控制器的输出力矩必须与风阀所需要的相匹配,符合设计要求
7	风阀控制器安装后,风阀控制器的开闭指示位应与风阀实际状况一致,风阀控制器宜面向便于观察的位置

（15）电动阀的安装要求见表 3-63。

电动阀的安装要求　　　　　　　　　　　表 3-63

序号	要　　　求
1	电动阀阀体上箭头的指向应与水流方向一致
2	与空气处理机、新风机等设备相连的电动阀一般应装有旁通管路
3	电动阀的口径与管道通径不一致时,应采用渐缩管件,同时电动阀口径一般不应低于管道口径两个档次,并应经计算确定满足设计要求
4	电动阀执行机构应固定牢固,阀门整体应处于便于操作的位置,手动操作机构应面向外操作
5	电动阀应垂直安装于水平管道上,尤其对大口径电动阀不能有倾斜
6	有阀位指示装置的电动阀,阀位装置应面向便于观察的位置
7	安装于室外的电动阀应有适当的防晒、防雨措施
8	电动阀在安装前宜进行模拟动作和试压试验
9	电动阀一般安装在回水管上
10	电动阀在管冲洗前,应完全打开,清除污物
11	检查电动阀门的驱动器,其行程、压力和最大关闭力（关阀的压力）必须满足设计和产品说明书的要求

序号	要　　求
12	检查电动调节阀的、型号、材质必须符合设计要求,其阀体强度、阀芯泄漏试验必须满足产品说明书有关规定
13	电动调节阀安装时,应避免给调节阀带来附加压力,当调节阀安装在管道较长的地方时,其阀体部分应安装支架和采取避振措施
14	检查电动调节输入电压、输出信号和接线方式,应符合产品说明书和设计的要求

（16）电磁阀的安装要求见表 3-64。

电磁阀的安装要求　　　　表 3-64

序号	要　　求
1	电磁阀阀体上箭头的指向应与水流方向一致
2	与空气处理机和新风机等设备相连的电磁阀一般应装有旁通管路
3	电磁阀的口径与管道通径不一致时,应采用渐缩管件,同时电磁阀口径一般不应低于管道口径两个档次,并应经计算确定满足设计要求
4	执行机构应固定牢固,操作手柄应处于便于操作的位置
5	执行机构的机械传动应灵活,无松动或卡涩现象
6	有阀位指示装置的电动阀,阀位指示装置应面向便于观察的位置
7	电磁阀安装前应按安装使用说明书的规定检查线圈与阀体间的绝缘电阻
8	如条件许可,电磁阀在安装前宜进行模拟动作和试压试验
9	电磁阀一般安装在回水管口
10	电磁阀在管道冲洗前,应完全打开

3.8　火灾自动报警系统

3.8.1　概述

1. 消防工程设计项目与电气专业配合的内容（见表 3-65）

消防工程设计项目与电气专业配合的内容　　表 3-65

序号	设计项目	电气专业配合措施
1	建筑物高度	确定电气防火设计范围
2	建筑防火分类	确定电气消防设计内容和供电方案
3	防火分区	确定区域报警范围、选用探测器种类

序号	设计项目	电气专业配合措施
4	防烟分区	确定防排烟系统控制方案
5	建筑物室内用途	确定探测器形式类别和安装位置
6	构造耐火极限	确定各电气设备设置部位
7	室内装修	选择探测器形式类别、安装方法
8	家具	确定保护方式、采用探测器类型
9	屋架	确定屋架探测方法和灭火方式
10	疏散时间	确定紧急和疏散标志、事故照明时间
11	疏散路线	确定事故照明位置和疏散通路方向
12	疏散出口	确定标志灯位置指示出口方向
13	疏散楼梯	确定标志灯位置指示出口方向
14	排烟风机	确定控制系统与连锁装置
15	排烟口	确定排烟风机连锁系统
16	排烟阀门	确定排烟风机连锁系统
17	防火烟卷帘门	确定探测器联动方式
18	电动安全门	确定探测器联动方式
19	送回风口	确定探测器位置
20	空调系统	确定有关设备的运行显示及控制
21	消火栓	确定人工报警方式与消防泵连锁控制
22	喷淋灭火系统	确定动作显示方式
23	气体灭火系统	确定人工报警方式、安全启动和运行显示方式
24	消防水泵	确定供电方式及控制系统
25	水箱	确定报警及控制方式
26	电梯机房及电梯井	确定供电方式、探测器的安装位置
27	竖井	确定使用性质、采取隔离火源的各种措施,必要时放置探测器
28	垃圾道	设置探测器
29	管道竖井	根据井的结构及性质,采取隔断火源的各种措施,必要时设置探测器
30	水平运输带	穿越不同防火区,采取封闭措施

2. 建筑构件的燃烧性能和耐火极限（见表 3-66）

建筑构件的燃烧性能和耐火极限　　　　表 3-66

构件名称		耐火极限	
燃烧性能和耐火极限(h)		一级	二级
墙	防火墙	不燃烧体 3.00	不燃烧体 3.00
	承重墙、楼梯间的墙、电梯井的墙、住宅单元之间的墙、住宅分户墙	不燃烧体 2.00	不燃烧体 2.00
	非承重外墙、疏散走道两侧的隔墙	不燃烧体 1.00	不燃烧体 1.00
	房间隔墙	不燃烧体 0.75	不燃烧体 0.50
柱		不燃烧体 3.00	不燃烧体 2.50
梁		不燃烧体 2.00	不燃烧体 1.50
楼板、疏散楼梯、屋顶承重构件		不燃烧体 1.50	不燃烧体 1.00
吊顶		不燃烧体 0.25	不燃烧体 0.25

3. 每个防火分区的允许最大建筑面积（见表 3-67）

每个防火分区的允许最大建筑面积　　　　表 3-67

建筑类别	每个防火分区建筑面积(m²)
一类建筑	1000
二类建筑	1500
地下室	500

注：1. 设有自动灭火系统的防火分区，其允许最大建筑面积可按本表增加 1.00 倍，当局部设置自动灭火系统时，增加面积可按该局部面积的 1.00 倍计算。

2. 一类建筑的电信楼，其防火分区允许最大建筑面积可按本表增加 50%。

3. 本表建筑类别按《高层民用建筑设计防火规范》(GB 50045—95)（2005 年版）的规定划分。

4. 火灾自动报警系统保护对象分级（见表 3-68）

5. 自动喷水灭火系统设置场所火灾危险等级（见表 3-69）

等级	保护对象	
特级	建筑高度超过 100m 的高层民用建筑	
一级	建筑高度不超过 100m 的高层民用建筑	一类建筑
	建筑高度不超过 24m 的民用建筑及建筑高度超过 24m 的单层公共建筑	1)200 床及以上的病房楼,每层建筑面积 1000m² 及以上的门诊楼 2)每层建筑面积 1000m² 及以上的百货楼、展览楼、高级旅馆、财贸金融楼、电信楼、高级办公楼 3)藏书超过 100 万册的图书馆、书库 4)超过 3000 座位的体育馆 5)重要的科研楼、资料档案楼 6)省级(含计划单列)的邮政楼、广播电视楼、电力调度楼、防灾指挥调度楼 7)重点文物保护场所 8)大型以上的影剧院、会堂、礼堂
	工业建筑	1)甲、乙类生产厂房 2)甲、乙类物品库房 3)占地面积或总建筑面积超过 1000m² 的丙类物品库房 4)总建筑面积超过 1000m² 的地下丙、丁类生产车间及物品库房
	地下民用建筑	1)地下铁道、车站 2)地下影剧院、礼堂 3)使用面积超过 1000m² 的地下商场、医院、旅馆、展览厅及其他商业或公共活动场所 4)重要的实验室和图书、资料、档案库
二级	建筑高度不超过 100m 的高层民用建筑	二类建筑

等级	保护对象	
二级	建筑高度不超过24m的民用建筑	1)设有空气调节系统的或每层建筑面积超过2000m²,但不超过3000m²的商业楼、财贸金融楼、电信楼、展览楼、旅馆、办公楼、车站、海河客运站、航空港等公共建筑及其他商业或公共活动场所 2)市、县级的邮政楼、广播电视楼、电力调度楼、防灾指挥调度楼 3)中型以下的影剧院 4)高级住宅 5)图书馆、书库、档案楼
	工业建筑	1)丙类生产厂房 2)建筑面积大于50m²,但不超过1000m²的丙类物品库房 3)总建筑面积大于50m²,但不超过1000m²的地下丙、丁类生产车间及地下物品库房
	地下民用建筑	1)长度超过500m的城市隧道 2)使用面积不超过1000m²的地下商场、医院、旅馆、展览厅及其他商业或公共活动场所

注:1. 一类建筑、二类建筑的划分,应符合现行国家标准《高层民用建筑设计防火规范》(GB 50045—95)(2005年版)的规定;工业厂房、仓库的火灾危险性分类,应符合现行国家标准《建筑设计防火规范》(GB 50016—2006)的规定。

2. 本表未列出的建筑的等级可按同类建筑的类比原则确定。

自动喷水灭火系统设置场所火灾危险等级　　表3-69

火灾危险等级	设置场所举例
轻危险级	建筑设计为24m及以下的旅馆、办公楼;仅在走道设置闭式系统的建筑等

火灾危险等级		设置场所举例
中危险级	I级	1)高层民用建筑:旅馆、办公楼、综合楼、邮政楼、金融电信楼、指挥调度楼、广播电视楼(塔)等 2)公共建筑(含单、多高层):医院、疗养院、图书馆(书库除外)、档案馆、展览馆(厅)、影剧院、音乐厅和礼堂(舞台除外)及其他娱乐场所;火车站和飞机场及码头的建筑;总建筑面积小于5000m²的商场、总建筑面积小于1000m²的地下商场等 3)文化遗产建筑:木结构古建筑、国家文物保护单位等 4)工业建筑:食品、家用电器、玻璃制品等工厂的备料与生产车间等;冷藏库、钢屋架等建筑构件
	II级	1)民用建筑:书库、舞台(葡萄架除外)、汽车停车场、总建筑面积5000m²及以上的商场、总建筑面积1000m²及以上的地下商场等 2)工业建筑:棉毛麻丝及化纤的纺织、织物及制品、木材木器及胶合板、谷物加工、烟草及制品、饮用酒(啤酒除外)、皮革及制品、造纸及纸制品、制药等工厂的备料与生产车间
严重危险级	I级	印刷厂、酒精制品、可燃液体制品等工厂的备料与车间等
	II级	易燃液体喷雾操作区域、固体易燃物品、可燃的气溶胶制品、溶剂、油漆、沥青制品等工厂的备料及生产车间、摄影棚、舞台"葡萄架"下部
仓库危险级	I级	食品、烟酒;木箱、纸箱包装的不燃难燃物品、仓储式商场的货架区等
	II级	木材、纸、皮革、谷物及制品、棉毛麻丝化纤及制品、家用电器、电缆、B组塑料与橡胶及其制品、钢塑混合材料制品、各种塑料瓶盒包装的不燃物品及各类物品混杂储存的仓库等
	III级	A组塑料与橡胶及其制品;沥青制品等

注:表中的塑料、橡胶的分类举例:

A组:丙烯腈—丁二烯—苯乙烯共聚物(ABS)、缩醛(聚甲醛)、聚甲基丙烯酸甲酯、玻璃纤维增强聚酯(FRP)、热塑性聚酯(PET)、聚乙二烯、聚碳酸酯、聚乙烯、聚丙烯、聚苯乙烯、聚氨基甲酸酯、高增塑聚氯乙烯(PVC,如人造革、胶片等)、苯乙烯—丙烯腈(SAN)等。

丁基橡胶、乙丙橡胶(EPDM)、发泡类天然橡胶、腈橡胶(丁腈橡胶)、聚酯合成橡胶、丁苯橡胶(SBR)等。

B组:醋酸纤维素、醋酸丁酸纤维素、乙基纤维素、氟塑料、锦纶(锦纶6、锦纶66)、三聚氰胺甲醛、酚醛塑料、硬聚氯乙烯(PVC,如管道、管件等)、聚偏二氟乙烯(PVDC)、聚偏氟乙烯(PVDF)、聚氟乙烯(PVF)、脲甲醛等。

氯丁橡胶、不发泡类天然橡胶、硅橡胶等。

3.8.2 火灾自动报警系统的设计

1. 火灾自动报警系统形式及选择

(1) 火灾自动报警系统的形式（见图3-25～图3-27）

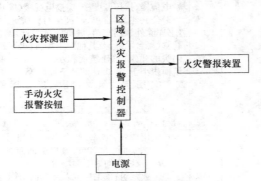

图 3-25　区域报警系统

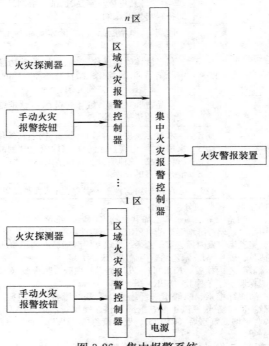

图 3-26　集中报警系统

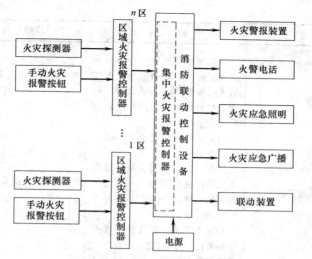

图 3-27　控制中心报警系统

（2）火灾自动报警系统形式的选择和设计要求（见表 3-70）

火灾自动报警系统形式的选择和设计要求　　表 3-70

类别	设计要求	应用范围
区域报警系统	1）一个报警区域宜设置一台区域火灾报警控制器或一台火灾报警控制器，系统中区域火灾报警控制器或火灾报警控制器不应超过两台 2）区域火灾报警控制器或火灾报警控制器应设置在有人值班的房间或场所 3）系统中可设置消防联动控制设备 4）当用一台区域火灾报警控制器或一台火灾报警控制器警戒多个楼层时，应在每个楼层的楼梯口或消防电梯前室等明显部位，设置识别着火楼层的灯光显示装置 5）区域火灾报警控制器或火灾报警控制器安装在墙上时，其底边距地面高度宜为 1.3～1.5m，其靠近门轴的侧面距墙不应小于 0.5m，正面操作距离不应小于 1.2m	宜用于二级保护对象

类别	设计要求	应用范围
集中报警系统	1)系统中应设置一台集中火灾报警控制器和两台及以上区域火灾报警控制器,或设置一台火灾报警控制器和两台及以上区域显示器 2)系统中应设置消防联动控制设备 3)集中火灾报警控制器或火灾报警控制器,应能显示火灾报警部位信号和控制信号,亦可进行联动控制 4)集中火灾报警控制器或火灾报警控制器,应设置在有专人值班的消防控制室或值班室内 5)集中火灾报警控制器或火灾报警控制器、消防联动控制设备等在消防控制室或值班室内的布置,应符合表3-71的规定	宜用于一级和二级保护对象
控制中心报警系统	1)系统中至少应设置一台集中火灾报警控制器、一台专用消防联动控制设备和两台及以上区域火灾报警控制器;或至少设置一台火灾报警控制器、一台消防联动控制设备和两台及以上区域显示器 2)系统应能集中显示火灾报警部位信号和联动控制状态信号 3)系统中设置的集中火灾报警控制器或火灾报警控制器和消防联动控制设备在消防控制室内的布置,应符合表3-71的规定	宜用于特级和一级保护对象

类别	设计要求
消防控制室	1)消防控制室的门应向疏散方向开启,且入口处应设置明显的标志 2)消防控制室的送、回风管在其穿墙处应设防火阀 3)消防控制室内严禁与其无关的电气线路及管路穿过 4)消防控制室周围不应布置电磁场干扰较强及其他影响消防控制设备工作的设备用房
消防控制室内设备的布置	1)设备面盘前的操作距离:单列布置时不应小于 1.5m;双列布置时不应小于 2m 2)在值班人员经常工作的一面,设备面盘至墙的距离不应小于 3m 3)设备面盘后的维修距离不宜小于 1m 4)设备面盘的排列长度大于 4m 时,其两端应设置宽度不小于 1m 的通道 5)集中火灾报警控制器或火灾报警控制器安装在墙上时,其底边距地面高度宜为 1.3～1.5m,其靠近门轴的侧面距墙不应小于 0.5m,正面操作距离不应小于 1.2m
消防控制设备应由右列部分或全部控制装置组成	1)火灾报警控制器 2)自动灭火系统的控制装置 3)室内消火栓系统的控制装置 4)防烟、排烟系统及空调通风系统的控制装置 5)常开防火门、防火卷帘的控制装置 6)电梯回降控制装置 7)火灾应急广播的控制装置 8)火灾警报装置的控制装置 9)火灾应急照明与疏散指示标志的控制装置

2. 火灾探测器的分类及选择

(1) 火灾探测器的分类 (见图 3-28)

(2) 火灾探测器的选择 (见表 3-72～表 3-74)

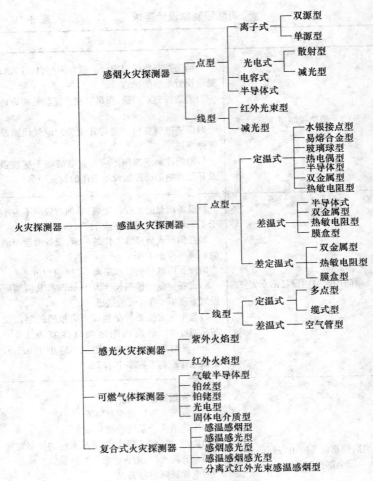

图 3-28 火灾探测器的分类图

根据火灾特点选择探测器　　　　　　表 3-72

火灾的特点	感烟	感温	火焰	可燃气体
火灾初期有阴燃阶段,产生大量的烟和少量的热	○			
火灾发展迅速,产生大量的热、烟和火焰辐射	○	○	○	
火灾发展迅速,有强烈火焰辐射和少量的烟、热			○	
可能产生可燃气体或可燃蒸气泄漏的场所				○

154

民用建筑及其有关部位火灾探测器类型的选择表　表3-73

项目	设置场所	火灾探测器的类型											
		差温式			差定温式			定温式			感烟式		
		I级	II级	III级	I级	II级	III级	I级	II级	III级	I级	II级	III级
1	剧场、电影院、礼堂、会场、百货公司、商场、旅馆、饭店、集体宿舍、公寓、住宅、医院、图书馆、博物馆等	△	○	○	△	○	○	○	△	△	×	○	○
2	厨房、锅炉房、开水间、消毒室等	×	×	×	×	×	×	△	○	○	×	×	×
3	进行干燥、烘干的场所	×	×	×	×	×	×	△	○	○	×	×	×
4	有可能产生大量蒸汽的场所	×	×	×	×	×	×	×	×	×	×	×	×
5	发电机室、立体停车场、飞机库等	×	○	○	×	○	○	×	×	×	×	△	○
6	电视演播室、电影放映室	×	△	△	×	△	○	×	×	×	×	○	○
7	在第一项中差温式及差室温式有可能不预报火灾发生的场所	×	×	×	×	×	×	○	○	○	×	○	○
8	发生火灾时温度变化缓慢的小间	×	×	×	○	○	○	○	○	○	○	△	○
9	楼梯及倾斜路	×	×	×	×	×	×	×	×	×	○	△	○
10	走廊及通道	—	—	—	—	—	—	—	—	—	○	△	○
11	电梯竖井、管道井	×	×	×	×	×	×	×	×	×	○	○	○
12	电子计算机房、通信机房	△	×	×	△	○	○	×	×	×	○	○	○
13	书库、地下仓库	△	○	○	△	○	○	○	○	○	×	△	○
14	吸烟室、小会议室等	×	×	×	×	×	×	×	×	×	×	×	○

注：1. ○表示适于使用。

　　2. △表示根据安装场所等状况，限于能够有效地探测火灾发生的场所使用。

　　3. ×表示不适于使用。

对不同高度的房间点型火灾探测器的选择　　　表 3-74

房间高度 h(mm)	感烟探测器	感温探测器			火焰探测器
		一级	二级	三级	
$12<h\leqslant20$	不适合	不适合	不适合	不适合	适合
$8<h\leqslant12$	适合	不适合	不适合	不适合	适合
$6<h\leqslant8$	适合	适合	不适合	不适合	适合
$4<h\leqslant6$	适合	适合	适合	不适合	适合
$h\leqslant4$	适合	适合	适合	适合	适合

（3）探测器不宜装设的场所一览表（见表 3-75）

探测器不宜装设的场所一览表　　　表 3-75

探测器种类	不宜装设的场所
离子感烟探测器	相对湿度长期大于 95% 气流速度大于 5m/s 在大量粉尘、水雾滞留 正常情况下有烟滞留 产生严重腐蚀气体 产生醇类、醚类、酮类等有机物质
感温探测器	有可能产生阴燃火灾或如发生火灾不及早报警可以造成重大损失的场所,温度常在 0℃ 以下的场所,不宜设定温探测器 正常情况下温度变化较大的场所,不宜装设差温探测器
光电感烟探测器	可能产生黑烟 可能产生蒸气或油雾 大量积聚粉尘 在正常情况下有烟滞留 存在高频电磁干扰 在大量昆虫充斥的场所
火焰探测器	可能发生无焰火灾 探测器易被污染 在火焰出现前有浓烟扩散 探测器的"视线"被遮挡 探测器易受阳光或其他光源直接或间接照射 在正常情况下有明火作业以及 X 射线、弧光等影响

3. 火灾探测器和手动火灾报警按钮的设置

（1）感烟探测器、感温探测器的保护面积和保护半径（见表 3-76）

感烟探测器、感温探测器的保护面积和保护半径 表 3-76

火灾探测器的种类	地面面积 $S(m^2)$	房间高度 $h(m)$	一只探测器的保护面积 A 和保护半径 R					
			屋顶坡度 θ					
			$\theta \leqslant 15°$		$15°<\theta \leqslant 30°$		$\theta>30°$	
			A/m^2	R/m	A/m^2	R/m	A/m^2	R/m
感烟探测器	$S \leqslant 80$	$h \leqslant 12$	80	6.7	80	7.2	80	8.0
	$S>80$	$6<h \leqslant 12$	80	6.7	100	8.0	120	9.9
		$h \leqslant 6$	60	5.8	80	7.2	100	9.0
感温探测器	$S \leqslant 30$	$h \leqslant 8$	30	4.4	30	4.9	30	5.5
	$S>30$	$h \leqslant 8$	20	3.6	30	4.9	40	6.3

（2）感烟探测器下表面至顶棚或屋顶的距离（见表 3-77）

感烟探测器下表面至顶棚或屋顶的距离 表 3-77

探测器的安装高度 $h(m)$	一只探测器的保护面积 A 和保护半径 R					
	屋顶坡度 θ					
	$\theta \leqslant 15°$		$15°<\theta \leqslant 30°$		$\theta>30°$	
	最小	最大	最小	最大	最小	最大
$h \leqslant 6$	30	200	200	300	300	500
$6<h \leqslant 8$	70	250	250	400	400	600
$8<h \leqslant 10$	100	300	300	500	500	700
$10<h \leqslant 12$	150	350	350	600	600	800

（3）感烟探测器、感温探测器安装要求（见表 3-78）

（4）定温式探测器的保护范围及安装间距（见表 3-79、表 3-80）

（5）由保护面积和保护半径决定最佳安装间距（见表 3-81）

感烟探测器、感温探测器安装要求 表 3-78

安装场所	要求
走廊感温探测器间距	＜10m
走廊内感烟探测器间距	＜15m
探测器至墙壁、梁边的水平距离	≥0.5m
至空调送风口边水平距离	≥1.5m
与照明灯具水平净距	≥0.2m
距高温光源灯具	≥0.5m
距电风扇净距	≥1.5m
距不突出的扬声器净距	≥0.1m
距多孔送顶棚孔净距	≥0.5m
与各种自动喷水灭火喷头净距	≥0.3m
与防火门、防火卷帘间距	1～2m

定温式探测器的保护范围 表 3-79

安装高度	结构材料	保护面积(m²)		
		Ⅰ型	Ⅱ型	Ⅲ型
4m 以下	主要采用耐火结构材料的防火对象或其他材料采用其他结构的防火对象物或其他材料	70 40	60 30	20 15
4m 以上	主要采用耐火结构材料的防火对象物或其他材料	35	30	—
8m 以下	采用其他结构的防火对象物或其他材料	25	15	—

注：应根据不同建筑结构材料和不同安装高度选择合适类型的定温型探测器。

定温式探测器的安装间距 表 3-80

使用场所	探测器类型	水平安装间距 L(m)
主要部位结构采用耐火结构防火对象物或其他材料	Ⅰ型 Ⅱ型	13 以下 10 以下
其他结构的防火对象物或其他材料	Ⅰ型 Ⅱ型	8 以下 6 以下

4. 防排烟风机的一次设备选型及控制箱的参考尺寸（见表 3-82)

由保护面积和保护半径决定最佳安装间距　　　**表 3-81**

探测器种类	保护面积 A (m^2)	保护半径 R 的极限值 (m)	参照的极限曲线	最佳安装间距 a、b 及其保护半径 R 值① (m)									
				$a_1 \times b_1$	R_1	$a_2 \times b_2$	R_2	$a_3 \times b_3$	R_3	$a_4 \times b_4$	R_4	$a_5 \times b_5$	R_5
感温探测器	20	3.6	D_1	4.5×4.5	3.2	5.0×4.0	3.2	5.5×3.6	3.3	6.0×3.3	3.4	6.5×3.1	3.6
	30	4.4	D_2	5.5×5.5	3.9	6.1×4.9	3.9	6.7×4.8	4.1	7.3×4.1	4.2	7.9×3.8	4.4
	30	4.9	D_3	5.5×5.5	3.9	6.5×4.6	4.0	7.4×4.1	4.2	8.4×3.6	4.6	9.2×3.2	4.9
	30	5.5	D_4	5.5×5.5	3.9	6.8×4.4	4.0	8.1×3.7	4.5	9.4×3.2	5.0	10.6×2.8	5.5
	40	6.3	D_6	6.5×6.5	4.6	8.0×5.0	4.7	9.4×4.3	5.2	10.9×3.7	5.8	12.2×3.3	6.3
感烟探测器	60	5.8	D_5	7.7×7.7	5.4	8.3×7.2	5.5	8.8×6.8	5.6	9.4×6.4	5.7	9.9×6.1	5.8
	80	6.7	D_7	9.0×9.0	6.4	9.6×8.3	6.3	10.2×7.8	6.4	10.8×7.4	6.5	11.4×7.0	6.7
	80	7.2	D_8	9.0×9.0	6.4	10.0×8.0	6.4	11.0×7.3	6.6	12.0×6.7	6.9	13.0×6.1	7.2
	80	8.0	D_9	9.0×9.0	6.4	10.6×7.5	6.5	12.1×6.6	6.9	13.7×5.8	7.4	15.1×5.3	8.0
	100	8.0	D_9	10.0×10.0	7.1	11.1×9.0	7.1	12.2×8.2	7.3	13.3×7.5	7.6	14.4×6.9	8.0
	100	9.0	D_{10}	10.0×10.0	7.1	11.8×8.5	7.3	13.5×7.4	7.7	15.3×6.5	8.3	17.0×5.9	9.0
	120	9.9	D_{11}	11.0×11.0	7.8	13.0×9.2	8.0	14.9×8.1	8.5	16.9×7.1	9.2	18.7×6.4	9.9

①在较小面积的场所（$S \leqslant 80m^2$）时，探测器尽量居中布置，使保护半径较小，探测效果较好。

防排烟风机的一次设备选型及控制箱的参考尺寸　表 3-82

风机功率(kW)	额定电流(A)	启动电流(A)	过电流保护设备 UZ20	TG	GM₁	接触器 GJ20	B系列	T系列热元件额定电流(A)	ZR-BX ZR-BV 截面/管径 (mm) 25℃	30℃	35℃	箱体外形尺寸(宽×高×厚)(mm×mm×mm)
			壳体/脱扣器电流(A)									
1.1	2.7	17.5	100/16	30/15	100/10	6.3	B9	T16 3	1.5 SC15	1.5 SC15	1.5 SC15	300×500 ×250
1.5	3.7	24	100/16	30/15	100/10	6.3	B9	T16 4	1.5 SC15	1.5 SC15	1.5 SC15	300×500 ×250
2.2	5	35	100/16	30/15	100/10	10	B9	T16 6	1.5 SC15	1.5 SC15	1.5 SC15	300×500 ×250
3.0	6.8	47.6	100/16	30/15	100/16	10	B9	T16 7.5	1.5 SC15	1.5 SC15	1.5 SC15	300×500 ×250
4.0	8.8	61.6	100/16	30/15	100/16	16	B9	T16 11	1.5 SC15	1.5 SC15	1.5 SC15	300×500 ×250
5.5	11.6	81.2	100/16	30/15	100/16	16	B12	T16 13	1.5 SC15	2.5 SC15	2.5 SC15	300×500 ×250
7.5	15.4	108	100/20	30/20	100/20	25	B16	T16 17.6	2.5 SC15	2.5 SC15	4 SC20	300×500 ×250
11	22.6	158	100/32	30/30	100/32	25	B25	T25 27	4 SC20	6 SC20	6 SC20	300×500 ×250
15	30.3	212	100/40	100/40	100/40	40	B30	T25 37	6 SC20	6 SC20	6 SC20	300×500 ×250
18.5	35.9	251	100/50	100/40	100/40	40	B37	T45 45	10 SC25	10 SC25	10 SC25	400×500 ×250
22	42.5	298	100/50	100/50	100/50	63	B45	T85 55	10 SC25	16 SC32	16 SC32	400×500 ×250
30	56.8	397	100/63	100/63	100/63	63	B65	T85 70	16 SC32	25 SC32	25 SC32	400×500 ×250
37	69.8	489	100/80	100/80	100/80	100	B85	T105 82	25 SC32	25 SC32	35 SC40	400×500 ×250
45	84.2	589	100/ 100	100/ 100	100/ 100	100	B85	T105 105	35 SC40	35 SC40	35 SC40	—

5. 火灾自动报警系统的接地

共用接地装置示意图见图 3-29，专用接地装置示意图见图 3-30。

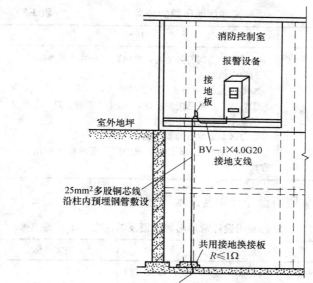

图 3-29　共用接地装置示意图

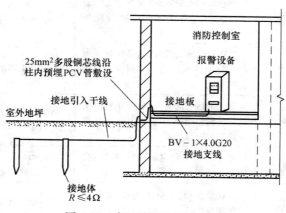

图 3-30　专用接地装置示意图

3.8.3 应急照明

1. 火灾应急照明的种类

(1) 应急照明电源的种类 (见表 3-83)

应急照明电源的种类   表 3-83

类别	种类
应急照明电源	1)来自电力网有效地与正常电源分开的馈电线路 2)发电机组 3)蓄电池组,可分为以下三种方式: ①灯内自带的蓄电池组,即自带电源型应急灯 ②集中设置的蓄电池组 ③分区集中设置的蓄电池组 4)组合电源:由以上任意两种以至三种电源的组合供电方式

(2) 应急照明设计常用名词术语 (见表 3-84)

应急照明设计常用名词术语及其定义   表 3-84

术语	定义	英文名称
疏散照明	在正常照明系统断电后,为使人们迅速无误地撤离建筑物而设置的应急照明	Escape Lighting
备用照明	在正常照明失效后,为继续工作或暂时进行正常活动而设置的应急照明	Stand-by Lighting
安全照明	在正常照明失效时,为确保处于潜在危险中的人们的安全而设置的应急照明	Safety Lighting
持续应急照明	与正常照明同时点亮,在正常照明故障时仍然点亮的应急照明,即该照明始终与电源接通	Maintained Emergency Lighting
非持续应急照明	当正常照明断电或故障时才点亮的应急照明	No-maintained Emergency Lighting
应急出口	仅在紧急情况(如火灾)时才使用的建筑物出口	Emergency Exit

162

术语	定义	英文名称
安全出口	符合国家有关消防规范规定位置和宽度的通向疏散走道、疏散楼梯间、相邻防火单元或直通室外的出口	Safety Exit
疏散走道	安全出口和房间之间用于人们疏散的步行走道	Escape Route
疏散楼梯	连接疏散走道与应急出口（或正常出口）的楼梯	Escape Stairs
疏散指示标志	在疏散走道上用箭头、文字或图形指示安全出口方向或位置的标志	Escape Sign
疏散标志灯	在灯罩上有疏散指示标志的应急照明灯具	Escape Sign Luminaire
疏散照明灯	为人们安全疏散而提供应急照明的灯具	Escape Lighting Luminaire
组合式应急照明灯	具有两个以上光源，其中至少有一个光源是由应急照明电源供电，而其他光源均由正常照明电源供电的应急照明灯具（应急照明可为持续式或非持续式的）	Sustained System Luminaire
内设型应急照明灯	持续式或非持续式的应急照明灯具，其蓄电池控制器件和检测设备等与光源一起装设于灯具内部或其附近（≤500mm）	Self Contained Luminaire
外设型应急照明灯	持续式或非持续式的应急照明灯具，其灯具内无独立备用电源，而是由集中的备用供电系统供电	Centrally Supplied Luminaire

（3）应急照明灯规格（见表3-85）

2. 火灾应急照明的设置

（1）应急照明的设备范围和设计要求（见表3-86）

类别	标志灯规格		采用荧光灯时的光源功率(W)
	长边/短边	长边的长度(cm)	
Ⅰ型	4∶1 或 5∶1	＞100	≥30
Ⅱ型	3∶1 或 4∶1	50～100	≥20
Ⅲ型	2∶1 或 3∶1	36～50	≥10
Ⅳ型	2∶1 或 3∶1	25～35	≥6

注：1. Ⅰ型标志灯内所装设光源的数量不宜少于 2 个；

2. 疏散标志灯安装在地面上时，长宽比可取 1∶1 或 2∶1，长边最小尺寸不宜小于 40cm。

应急照明的设备范围和设计要求　　　　　　　表 3-86

应急照明类别		标志颜色	设计要求	设置场所示例
疏散照明	安全出口标志灯	绿底白字或白底绿字(用中文或中英文标明《安全出口》并宜有图形)	正常时：在 30m 远处能识别标志，其亮度不应低于 15cd/m²，不高于 300cd/m² 应急时：在 20m 远处能识别标志 照度水平：＞0.5lx 持续工作时间：多层、高层建筑≥30min；超高层建筑≥60min	观众厅、多功能厅、候车(机)大厅、医院病房的楼梯口、疏散出口、多层建筑中层面积＞1500m² 的展示厅、营业厅、面积＞200m² 的演播厅 高层建筑中展厅、营业厅、避难层和安全出口(二层建筑住宅除外) 人员密集且面积＞300m² 的地下建筑
	疏散指示标志灯	白底绿字或绿底白字(用箭头和图形指示疏散方向)	正常时：在 20m 远处能识别标志，其亮度不应低于 15cd/m²，不高于 300cd/m² 应急时：在 15m 远处能识别标志 照度水平：＞0.5lx 持续工作时间：多层、高层建筑≥30min；超高层建筑≥60min	医院病房的疏散走道、楼梯间 高层公共建筑中的疏散走道和长度＞20m 的内走道 防烟楼梯间及其前室、消防电梯间及其前室

应急照明类别		标志颜色	设计要求	设置场所示例
疏散照明	疏散照明灯	宜选专用照明灯具	正常照明协调布置 布灯:距离比≤4 照度水平:>5lx 观众厅通道地面上的照度水平≥0.2lx 持续工作时间:多层、高层建筑≥30min;超高层建筑≥60min	高层公共建筑中的疏散走道和长度＞20m的内走道 防烟楼梯间及其前室、消防电梯间及其前室
备用照明		宜选专用照明灯具	消防控制室、消防泵房、排烟机房、发电机房、变电室、电话总机房、中央监控室等应保持正常照明的照度水平,其他场所可不低于正常照明度的1/10,但最低不宜少于5lx 持续工作时间:>120min	消防控制室、消防泵房、排烟机房、发电机房、变电室、电话总机房、中央监控室等 多层建筑中层面积＞1500m² 的展厅、营业厅,面积＞200m² 的演播厅 高层建筑中的观众厅、多功能厅、餐厅、会议厅、国际候车(机)厅、展厅、营业厅、出租办公用房、避难层和封闭楼梯间 人员密集且面积＞300m² 的地下建筑
安全照明		宜选专用照明灯具	应保持正常照明的照度水平	医院手术室(因瞬时停电会危及生命安全的手术)

注: 1. 应急照明用灯具靠近可燃物时,应采取隔热、散热等防火措施。当采用白炽灯、卤钨灯、荧光高压汞灯(包括镇流器)等光源时,不应直接安装在可燃装置或可燃构件上。

2. 安全出口标志灯和疏散指示标志灯应装有玻璃或非燃材料的保护罩,其面板亮度均匀度宜为1:10(最低:最高)。

3. 楼梯间内的疏散照明灯应装有白色保护罩,并在保护罩两端标明跑步方向的上、下层的层号(即层灯)。

4. 疏散照明、备用照明、安全照明用灯具可利用正常照明的一部分,但通常宜选用专用照明灯具。

5. 超高层建筑系指建筑物地面上高度在100m以上者。

（2）疏散标志灯的推荐尺寸（见表 3-87）

疏散标志灯的推荐尺寸　　　　　　表 3-87

灯型	文字标志尺寸(mm)		面板尺寸(mm)		文字笔画宽(mm)	视距(m)
	A	B	C	D	E	
特大型	270	按设计要求	380	＞1000	32	≥36
大型	185		270	1000～500	22	27
中型	125		185	500～350	15	18
小型	85		125	＜350	10	12

注：表中尺寸 D 为推荐范围，可根据灯管长度及具体需要定。

（3）疏散标志的图形、文字颜色的色度坐标（见表 3-88 及图 3-31～图 3-40）

疏散标志的图形、文字颜色的色度坐标　　　　　　表 3-88

颜色		色 度 坐 标								
绿色区		a		b		c		d		
	X	0.305		0.321		0.228		0.028		
	Y	0.689		0.493		0.351		0.385		
白色区		A	B	C	D	E	F	G	H	I	J
	X	0.285	0.440	0.453	0.500	0.525	0.565	0.542	0.500	0.440	0.285
	Y	0.0332	0.432	0.440	0.440	0.440	0.413	0.382	0.382	0.382	0.264

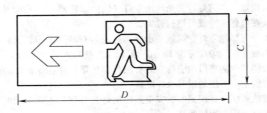

图 3-31　绿底白色标志（向左）

图 3-32　绿底白色标志（向右）

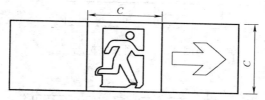

图 3-33　白底绿色标志（向右）

图 3-34　白底绿色标志（向左）

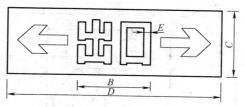

图 3-35　双向有出口的指向标志

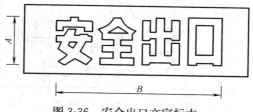

图 3-36　安全出口文字标志

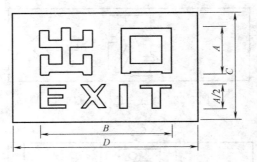

图 3-37 两种文字标志

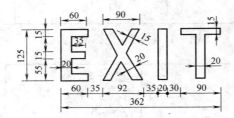

图 3-38 英文"EXIT"字形

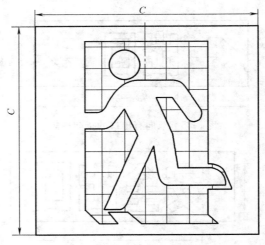

图 3-39 人的奔跑方向图形

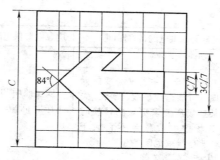

图 3-40 箭头画法

（4）火灾应急照明场所的供电时间和照度要求

1）火灾应急照明供电时间、照度及场所举例见表 3-89。

火灾应急照明供电时间、照度及场所举例　　表 3-89

名称	供电时间	照度	场所举例
火灾疏散标志照明	不少于 20min	最低不应低于 0.5lx	电梯轿厢内、消火栓处、自动扶梯安全出口、台阶处、疏散走廊、室内通道、公共出口
暂时继续工作的备用照明	不少于 1h	不少于正常照度的 50%	人员密集场所，如展览厅、多功能厅、餐厅、营业厅、危险场所、避难层等
继续工作的备用照明	连续	不少于正常照明的照度	配电室、消防控制室、消防泵房、发电机室、蓄电池室、火灾广播室、电话站 BAS 中控室以及其他重要房间

2）应急照明电源转换及工作时间见表 3-90。

应急照明电源转换及工作时间　　表 3-90

类别	应急电源供电的转换时间	应急电源供电时，持续工作时间
疏散照明	不应大于 15s。有条件时，宜缩短转换时间	不宜小于 30min。根据不同要求可分为 30、45、60、90、120、180min 等 6 档

类别	应急电源供电的转换时间	应急电源供电时,持续工作时间
安全照明	不宜大于 0.5s	安全照明和备用照明的持续工作时间应视使用具体要求确定
备用照明	不应大于 15s。主要从必要的操作、处理及可能造成事故、经济损失考虑,某些场所要求更短的转换时间,如商场中的收款台不宜大于 1.5s;对于有严重危险的生产场所,应按其生产实际需要确定	

(5) 各类建筑应急照明灯规格形式的选择（见表 3-91）

各类建筑应急照明灯规格形式的选择 　　　表 3-91

建筑物类别	安全出口标志灯类别		疏散标志灯类别	
	建筑总面积(m²)		每层建筑面积(m²)	
	>10000	<10000	>1000	<1000
旅馆	Ⅰ型或Ⅱ型	Ⅱ型或Ⅲ型	Ⅲ型或Ⅳ型	
医院	Ⅰ型或Ⅱ型	Ⅱ型或Ⅲ型	Ⅲ型或Ⅳ型	
影剧院	Ⅰ型或Ⅱ型	Ⅱ型或Ⅲ型	Ⅲ型或Ⅳ型	
俱乐部	Ⅰ型或Ⅱ型	Ⅱ型或Ⅲ型	Ⅱ型或Ⅲ型	Ⅲ型或Ⅳ型
商店	Ⅰ型或Ⅱ型	Ⅱ型或Ⅲ型	Ⅱ型或Ⅲ型	Ⅲ型或Ⅳ型
餐厅	Ⅰ型或Ⅱ型	Ⅱ型或Ⅲ型	Ⅱ型或Ⅲ型	Ⅲ型或Ⅳ型
地下街	Ⅰ型		Ⅱ型或Ⅲ型	
车库	Ⅰ型		Ⅱ型或Ⅲ型	

注: 应急照明灯规格标准类型见表 3-85。

3. 医院对不间断供电设计的要求

(1) 医院对不间断供电要求（见表 3-92）

(2) 按医疗设备与人体接触状况的场所分组和允许间断供电时间的场所分级（见表 3-93）

医院对不间断供电要求 表 3-92

恢复供电时间	供 电 场 所
15s 内	1)疏散通道照明灯 2)出口指示灯 3)安全电源发电机组的开关柜、控制盘处的照明灯和正常电源配电盘处的照明类 4)水、所等公用设施的维护操作间的照明灯 5)1 组场所的一个照明灯和 2 组场所的全部照明灯 6)消防电梯 7)排烟机 8)2 组场所内用于外科手术或其他重要的医疗电气设备、麻醉气体排出及监测设备
大于 15s	1)消毒设备 2)空调、采暖、通风、生活服务、水处理等设备 3)冷藏设备 4)炊事设备 5)蓄电池充电设备
0.5s 内	手术照明灯、专用回路供电,其供电时间至少为 3h

按医疗设备与人体接触状况的场所分组和允许间断供电时间的场所分级

表 3-93

序号	场所名称	组别			级别		
		0	1	2	0.5s	15s	>15s
1	按摩室		×			×	
2	手术盥洗间	×					×
3	普通病房		×			×	
4	产房		×			×	
5	心电图室		×			×	
6	内窥镜室		×			×	
7	治疗室		×			×	
8	临产室	×					×
9	手术消毒室	×					×
10	泌尿科治疗室		×			×	
11	放射线治疗室		×			×	
12	水疗室		×			×	
13	理疗室		×			×	

序号	场所名称	组别			级别		
		0	1	2	0.5s	15s	>15s
14	麻醉室		×			×	
15	手术室			×	×①	×	
16	手术准备室			×	×①	×	
17	石膏室	×					×
18	麻醉复苏室		×			×	
19	心导管室			×		×	
20	特别监护室			×②		×	
21	血管造影室			×	×①	×	
22	血液透析室		×	×②		×	
23	中心监护室	×				×	
24	磁谐振图像室		×			×	
25	核治疗室		×			×	
26	早产婴儿室		×		×①	×	

① 指需在 0.5s 内倒换电源的灯具和医疗电气设备。
② 由医院最后确定。

3.8.4　火灾自动报警系统供电及导线选择和敷设

1. 消防设施供电时间要求

消防用电设备在火灾发生期间的最少连续供电时间要求见表 3-94。

消防用电设备在火灾发生期间的最少连续供电时间　表 3-94

序号	消防用电设备名称	保证供电时间(min)
1	火灾自动报警装置	≥10
2	人工报警器	≥10
3	各种确认、通报手段	≥10
4	消火栓、消防泵及自动喷水系统	>60
5	水喷雾和泡沫灭火系统	>30
6	CO₂灭火和干粉灭火系统	>60
7	卤代烷灭火系统	≥30
8	排烟设备	>60
9	火灾广播	≥20
10	火灾疏散标志照明	≥20
11	火灾暂时继续工作的备用照明	>60
12	避难层备用照明	>60
13	消防电梯	>60
14	直升机停机坪照明	>60

注：1. 表中所列连续供电时间是最低标准，有条件时应尽量延长。
2. 对于超高层建筑，序号中的 3、4、8、10、13 等项，应根据实际情况延长。

2. 火灾自动报警系统的供电系统

(1) 消防设施的供电系统（见图 3-41、图 3-42）

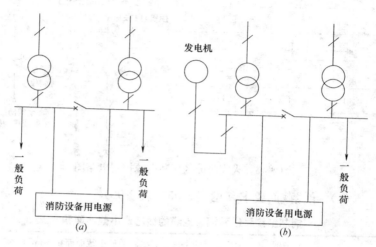

图 3-41　一类建筑物消防设备供电系统

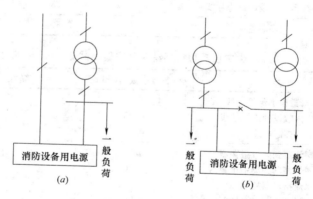

图 3-42　二类建筑消防设备供电系统

(a) 有一路低压电源；(b) 不同电网

(2) 火灾时分区切断电源控制电路图（见图 3-43）

3. 火灾自动报警系统的导线选择与敷设

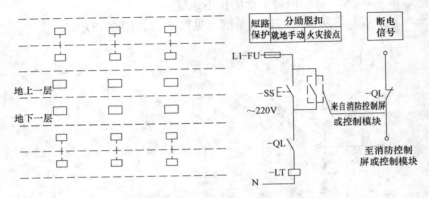

图 3-43　火灾时分区切断电源控制电路图

(1) 导线截面要求（见表 3-95、表 3-96）

铜芯绝缘导线和铜芯电缆的线芯最小截面面积　表 3-95

类别	线芯的最小截面面积（mm²）
穿管敷设的绝缘导线	1.00
线槽内敷设的绝缘导线	0.75
多芯电缆	0.50

火灾自动报警系统用导线最小截面　表 3-96

类别	线芯最小截面（mm²）	备注
穿管敷设的绝缘导线	1.00	
线槽内敷设的绝缘导线	0.75	
多芯电缆	0.50	
由探测器到区域报警器	0.75	多股铜芯耐热线
由区域报警器到集中报警器	1.00	单股铜芯线
水流指示器控制线	1.00	
湿式报警阀及信号阀	1.00	
排烟防火电源线	1.50	控制线＞1.00mm²
电动卷帘门电源线	2.50	控制线＞1.50mm²
消火栓控制按钮线	1.50	

(2) 线路敷设方式及要求（见表 3-97）

174

火灾自动报警系统线路敷设方式及要求　　　表 3-97

类别	敷设方式
传输线路	金属管、阻燃型硬塑管、封闭式线槽 火灾自动报警系统的传输网络不应与其他系统的传输网络合用
消防控制、通信和警报线路	金属管或阻燃型硬塑管。暗敷时保护层厚度不宜小于 30mm 明敷时应采用金属管或金属线槽保护，并应在金属管或金属线槽上采取防火保护措施 采用阻燃型电缆时，可不穿金属管保护，但应敷设在电缆竖井或吊顶内有防火保护措施的封闭式线槽内
电缆竖井	宜与电力、照明用的低压配电线路电缆竖井分别设置。如受条件限制必须合用时，两种电缆应分别布置在竖井的两侧

（3）供电与接地（见表 3-98）

火灾自动报警系统的供电与接地　　　表 3-98

类别	技术措施
供电	火灾自动报警系统应设主电源和直流备用电源。主电源应采用消防电源，直流备用电源宜采用火灾报警控制器的专用蓄电池或集中设置的蓄电池。主电源的保护开关不应采用漏电保护开关 火灾自动报警系统中的 CRT 显示器、消防通信设备等的电源，宜由 UPS 装置供电
接地	1）采用专用接地装置时，接地电阻不应大于 4Ω；采用共用接地装置时，接地电阻不应大于 1Ω 2）专用接地干线应采用铜芯绝缘导线，其线芯截面积不应小于 $25mm^2$ 3）由消防控制室接地板引至各消防电子设备的专用接地线应选用铜芯绝缘导线，其截面积不应小于 $4mm^2$ 4）消防电子设备凡采用交流供电时，设备金属支架等应作保护接地，接地线应与电气保护接地干线（PE 线）相连

（4）消防设备的耐火耐热布线（见图 3-44、图 3-45）

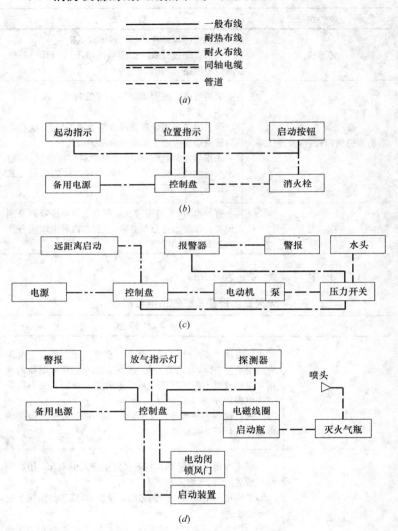

图 3-44　消防设备的耐火耐热布线（一）

（a）布线符号含义；（b）室内、外消火栓设备系统布线；（c）喷洒水、喷雾、泡沫
灭火设备系统布线；（d）CO_2、卤代烷、粉末灭火设备系统布线

176

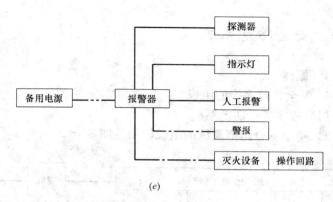

(e)

图 3-44 消防设备的耐火耐热布线（一）（续图）

(e) 火灾自动报警设备系统布线

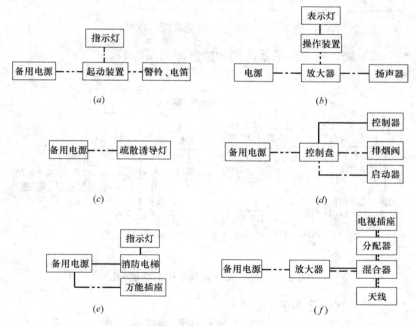

(a)

(b)

(c)

(d)

(e)

(f)

图 3-45 消防设备的耐火耐热布线（二）

(a) 报警装置系统布线；(b) 火灾广播系统布线；(c) 疏散照明系统布线；(d) 防排烟系统布线；(e) 消防电梯供电系统布线；(f) 共用天线电视系统布线

177

3.9 安全防范系统

3.9.1 概述

1. 安全防范系统的组成

(1) 楼宇安全防范系统

1) 楼宇安全防范系统的组成框图见图 3-46。

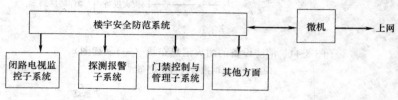

图 3-46 楼宇安全防范系统组成框图

2) 楼宇安全防范系统的功能框图见图 3-47。

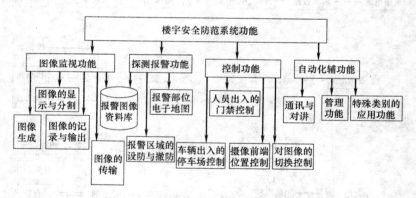

图 3-47 楼宇安全防范系统的功能框图

(2) 智能化小区安防系统

1) 智能住宅小区安防系统组成框图见图 3-48。

2) 智能小区一般安全防范系统构成见图 3-49。

2. 各种防盗报警器的工作特点及适用范围 (见表 3-99)

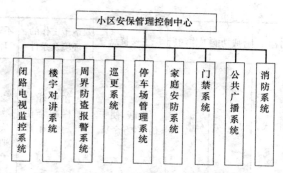

图 3-48 智能住宅小区安防系统组成框图

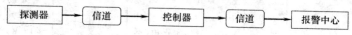

图 3-49 一般安全防范系统构成

各种防盗报警器的工作特点及适用范围　　　表 3-99

报警器名称		警戒功能	工作场所	主要特点	适于工作的环境及条件	不适于工作的环境及条件
微波	多普勒式	空间	室内	隐蔽,功耗小,穿透力强	可在热源、光源、流动空气的环境中正常工作	机械振动,有抖动摇摆物体、电磁反射物、电磁干扰
	阻挡式	点、线	室内、外	与运动物体速度无关	室外全天候工作,适于远距离直线周界警戒	收发之间视线内有障碍物或运动、摆动物体
红外线	被动式	空间、线	室内	隐蔽、昼夜可用,功耗低	静态背景	背景有红外辐射变化及有热源、振动、冷热气流、阳光直射,背景与目标温度接近,有强电磁干扰

报警器名称		警戒功能	工作场所	主要特点	适于工作的环境及条件	不适于工作的环境及条件
红外线	阻挡式	点、线	室内、外	隐蔽,便于伪装,寿命长	在室外与围栏配合使用,做周界报警	收发间视线内有障碍物,地形起伏、周界不规则,大雾、大雪恶劣气候
超声波		空间	室内	无死角,不受电磁干扰	隔声性能好的密闭房间	振动、热源、噪声源、多门窗的房间,温湿度及气流变化大的场合
声控		空间	室内	有自我复核能力	无噪声干扰的安静场所与其他类型报警器配合作报警复核用	有噪声干扰的热闹场合
激光		线	室内、外	隐蔽性好,价高,调整困难	长距离直线周界警戒	(同阻挡式红外报警器)
双技术报警器		空间	室内	两种类型探测器相互鉴证后才发出报警,误报极小	其他类型报警器不适用的环境均可用	强电磁干扰
监控电视(CCTV)		空间、面	室内、外	报警与摄像复核相结合	静态景物及照度缓慢变化的场合	背景有动态景物及照度快速变化的场合

180

3.9.2 安全防范的各子系统设计

1. 闭路电视监控系统

(1) 闭路电视监控系统的功能（见表 3-100）

小区闭路电视监控系统的功能　　　　表 3-100

基本要求	闭路电视监控系统是在小区主要通道、重要公共建筑及周界设置前端摄像机，将图像传送到小区物业管理中心。中心对整个小区进行实时监控和记录，使中心管理人员充分了解小区的动态
主要功能	1) 对小区主要出入口、主干道、周界围墙或栅栏、停车场出入口以及其他重要区域进行监视 2) 物业管理中心监视系统应采用多媒体视像显示技术，由计算机控制、管理及进行图像记录 3) 报警信号与摄像机连锁控制，录像机与摄像机连锁控制 4) 系统可与周界防越报警系统联动进行图像跟踪及记录，当监控中心接到报警信号时，监控中心图像屏立即弹出与报警相关的摄像机图像信号 5) 视频失落及设备故障报警 6) 图像自动/手动切换、云台及镜头的遥控 7) 报警时，报警类别、报警时间、确认时间及相关信息的显示、存储、查询及打印

(2) 闭路电视监控系统的组成

1) 闭路电视监控系统的基本组成见图 3-50。

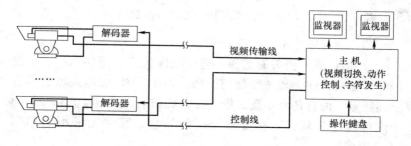

图 3-50　电视监控系统的基本组成

2) 典型电视监控系统组成结构图见图 3-51。

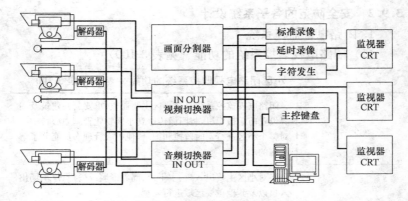

图 3-51 典型电视监控系统组成结构图

3）大型网络式监控系统框图见图 3-52。

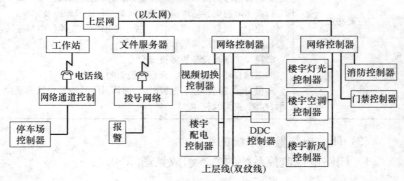

图 3-52 大型网络式监控系统框图

（3）电视监控系统设备的选择

1）摄像机、镜头的选择：选择摄像机应考虑体积小、重量轻、寿命长，便于现场安装与检修。由于 CCD 固体摄像机具有上述特点，而且还有不受磁场干扰、抗震动、灵敏度高和较好的图像再现性等优点，在要求较高的场合，宜优先采用通用型 CCD 摄像机。

摄像机应根据目标的照度选择不同灵敏度的摄像机，监视目标的最低环境照度至少应高于摄像机最低照度的 10 倍。照度与选择摄像机的关系见表 3-101。

照度与选择摄像机的关系 表 3-101

监视目标照度	对摄像机最低照度的要求（在 F/1.4 的情况下）
<50lx	≤1lx
50～100lx	≤3lx
>100lx	≤5lx
备注	①彩色摄像机比黑白摄像机价格高、维修费用高，因此，如果被观察目标本身没有明显的色彩标志和差异，最好用黑白摄像机 ②云台的使用电压有交流（AC）和直流（DC）两种，要结合控制器的类型和系统中其他设备统一考虑。交流云台适用于定速操作，直流型适用于变速操作，它速度快，特别适用于带预置的系统 ③监视目标逆光摄像时，宜选用具有逆光补偿的摄像机。户内、外安装的摄像机均应加装防护套 ④镜头像面尺寸应与摄像机靶面尺寸相适应。摄取固定目标的摄像机，可选用定焦距镜头；在有视角变化要求的摄像场合，可选用变焦距镜头，镜头焦距的选择可根据视场的大小和镜头到监视目标的距离确定

镜头的选择见表 3-102。

镜头的选择 表 3-102

考 虑 要 点	对镜头要求
被摄体的大小摄像机和被摄距离	视角
使用摄像机的类型	画面尺寸[2.54cm(1in)或 1.69cm(2/3in)] 是否要高灵敏度 EE（自动光圈） 镜头安装方式
对被摄体的监视方式	视角是否可变 焦点深度、镜头的光圈大小
摄像机的设置条件 运用方法	是否要遥控 是否要 EE（自动光圈）

2）显示、记录、切换控制器及传输线缆的选择见表 3-103。

（4）闭路电视监控系统的集成

1）集成的主要作用和功能见表 3-104。

显示、记录、切换控制器及传输线缆的选择　表 3-103

选择项目	选择要求与说明
显示、记录切换控制器	①监视器宜采用 23～51cm 的屏幕,黑白监视器的水平清晰度应大于 600 线,彩色监视器的水平清晰度应大于 300 线。在同一系统中,录像机的制式和磁带规格一致,录像机的输入、输出信号应与整个系统的技术指标相适应 ②系统应有报警控制器联网接口的视频切换控制器,报警发生时,切换出相应部位的摄像机图像,并能记录和重放 ③切换器能手动和自动编程,将所有视频信号在指定的监视器上进行固定或时序显示,也可以进行图像混合、画面分割、字幕叠加等处理;应具有与报警控制器联网的接口,当报警发生时,切入显示相应部位的摄像机图像并记录,还能重放,以分析所发生的事故 ④采用的录像机能实现记录和重放功能,能长时间录像(目前普遍使用 24h 录像),可以快速和静止重放所记录的画面,具有遥控功能,系统可以对录像机远距离操作,或利用系统中的控制信号自动操作录像机 ⑤监视器是闭路监控电视系统的终端显示设备。选择彩色监视器还是黑白监视器应与系统的摄像机一致。屏幕的大小应根据控制中心的面积和监视人数进行选择。监视器的清晰度应相当于或高于摄像机的清晰度,以充分发挥摄像机的性能
传输线缆	视频信号传输线有不平衡电缆(同轴电缆)、平衡对称电缆(电话电缆)和光缆。平衡对称电缆和光缆一般用于长距离传输,对于小区等建筑,一般采用同轴电缆传输视频基带信号的传输方式。当采用 75-5 同轴电缆且一般传输距离为 300m 时,应考虑使用电缆补偿器。如采用 75-9 同轴电缆且摄像机和监视器间的距离在 500m 以内可不加电缆补偿器

闭路电视监控系统集成的主要作用和功能　表 3-104

集成的主要作用	①可以以地图方式管理所有的摄像机 ②可以预设所有摄像机的动作序列 ③对每个摄像机的动作进行设置,如控制云台的水平俯仰和聚焦 ④控制矩阵视频切换器的输出 ⑤接收 BAS 及防盗报警的报警信息并进行相应的联动 ⑥从窗口中观察实时动态监控图像等

184

集成功能	①（与 BAS）根据 BAS 的报警信息，将指定的摄像机上的实时动态信号显示在小区管理监控中心操作站的显示屏上，或启动预设的摄像机扫描序列监视相应地点，并进行录像 ②（与消防系统）当大楼发生火警时，将最接近现场的摄像机对准报警部位。当采用 DVR 数字录像监控系统时，无论是监视、分割、录像、远传、远程视频监控，均可采用数字视频处理技术，通过传输网络 LAN（局域网）的方式进行集成

2）在系统集成设计中，CCTV 系统操作站与 BAS 中央操作站在同一级网络（Ethernet TCP/IP）上互联，见图 3-53。

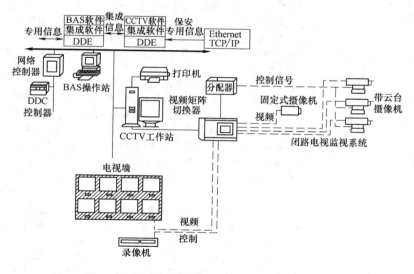

图 3-53　闭路电视监控系统（CCTV）的集成

2. 楼宇对讲防盗门控制系统

（1）楼宇对讲防盗门控系统功能、组成与原理及类型（见表 3-105）

（2）楼宇对讲防盗门控制系统主要技术参数（见表 3-106）

185

楼宇对讲防盗门控系统功能、组成与原理及类型　　表 3-105

类别	说　　明
系统功能	对讲/可视防盗门控制系统是在各单元入口安装防盗门和对讲装置,以实现访客与住户对讲/可视对讲。住户可以遥控开启防盗门,有效防止非法人员进入住宅楼内。其主要功能如下: 　1)可以实现住户、访客语音/图像传输 　2)通过室内分机可以遥控开启防盗门电控锁 　3)门口主机可利用密码、钥匙或感应卡开启防盗门 　4)高层住宅在火灾报警情况下可以自动开启楼梯门锁 　5)高层住宅具有群呼功能,一旦灾情发生,可向所有住户发出报警信号
组成与原理	对讲防盗门控制系统是智能小区的最低要求,目前,可视对讲防盗门控制系统开始逐渐成为智能小区的标准要求。对讲/可视对讲防盗门控制系统一般由管理员主机、单元主机、住户对讲机和防盗门电控锁组成。可视对讲系统一般采用电话线传输图像,传输速度为每秒传输 5 帧标准彩色/黑白图像,它实际上是一种窄带电视 　对讲/可视对讲防盗门控制系统工作过程如下:在小区出入口及各组团的出入口保安室内,安装对讲管理员总机,在各单元门口安装防盗门及对讲主机,在住户室内安装对讲机。当来访者进入小区组团时,保安人员通过对讲管理员总机与住户对话,确认来访者身份后,开户小区门禁/组团门禁系统,来访者方可进入小区。来访者在单元梯口再通过对讲主机呼叫住户,住户同意后,开户单元电控锁,来访者方可进入楼内
主要类型	1)单户型。具备可视对讲或非可视对讲、遥控开锁、主动监控,使家中的电话(与市话连接)、电视可与单元型可视对讲主机组成单元系统等功能,室内机分台式和扁平挂壁式两种 　2)单元型。单元型可视对讲系统或非可视对讲系统主机分直按式和拨号式两种。直按式容量较小,有 14、15、18、21、27 户型等,适用于多层住宅楼,特别是一按就应,操作简便。拨号式容量较大,多为 256～891 户不等,适用于高层住宅楼,特点是界面豪华,操作方式同拨电话一样。这两种系统均采用总线式布线,解码方式有楼层机解码或室内机解码两种方式,室内机一般与单户型的室内机兼容,均可实现可视对讲或非可视对讲、遥控开锁等功能,并可挂接管理中心

186

类别	说　明
主要类型	3)小区联网型。采用区域集中化管理,功能复杂,各厂家的产品均有自己的特色。一般除具备可视对讲或非可视对讲、遥控开锁等基本功能外,还能接收和传送住户的各种技防探测器报警信息和进行紧急求助,能主动呼叫辖区内任一住户或群呼所有住户实行广播功能,有的还与三表(水、煤、电)抄送、IC卡门禁系统和其他系统构成小区物业管理系统

楼宇对讲防盗门控制系统主要技术参数　　　表 3-106

音频	主呼通道、应答通道谐波失真	≤5%
	主呼通道信噪比	≥40dB
	应答通道信噪比	≥35dB
	主呼通道音频不失真功率	≥5mW
	应答通道音频不失真功率	≥100mW
	振铃声压	≥70dB
视频	视频信号幅度	$1V_{p-p}$正极性
	信噪比(S/N)	≥46dB
	视频通道带宽	≥6MHz
	灰度等级	≥8 级
	水平清晰度	≥380 线
报警	出口延迟	2～5min
	入口延迟	30s
	探测器响应	<5s

（3）系统类型

1）单对讲型，见图 3-54。

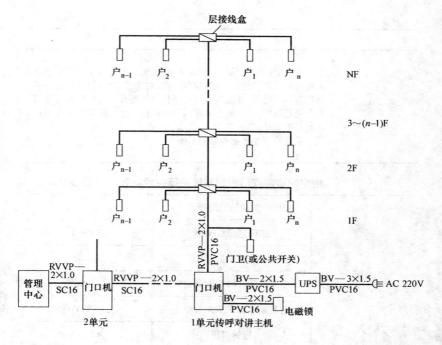

说明：

1. 系统功能

(1) 来访者按下相应的住户号码，室内对讲分机发生铃声，来访者听到门口机的回铃声。

(2) 住户拿起室内分机与来访者对讲，住户按下自动开锁键，单元楼门上的电控锁打开，来访者进门后，闭门器会自动将门关闭。

(3) 无管理机。

2. 系统参数

(1) 适用范围：普通型楼宇，N 小于或等于 6 层，每层小于或等于 4 户。

(2) 电源：AC220V，DC12V。

(3) 功耗：待机状态时小于或等于 35mA，工作状态时小于或等于 50mA。

(4) 键盘：夜光键盘。

图 3-54　单对讲型电控门系统

2）可视对讲型，见图 3-55、图 3-56。

3）混合型，见图 3-57、图 3-58。

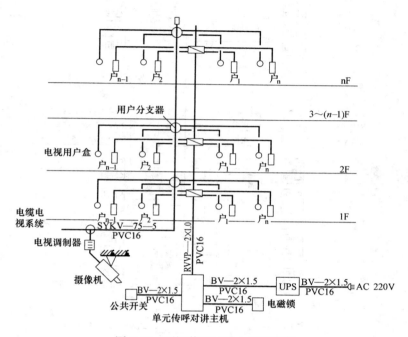

图 3-55 可视传呼对讲电控门系统

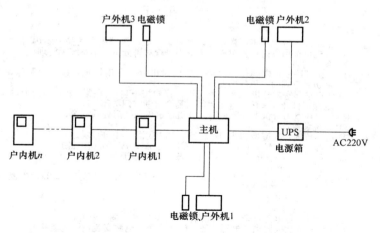

图 3-56 别墅型可视对讲电控门系统

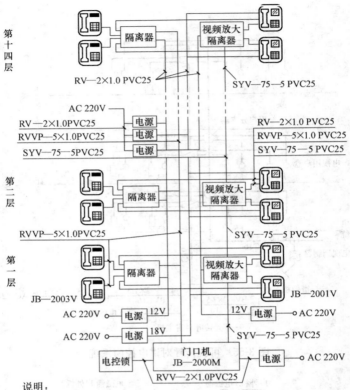

说明:
系统应用
1) 本系统为可视和不可视兼容访客对讲系统,根据用户的需要室内对讲分机可选用室内可视对讲分机或不可视对讲分机,本系统无管理机。
2) 系统功能:
① 来访者按下相应的住户号码,室内对讲分机发出铃声,显示出图像,来访者听到门口机的回铃声。
② 住户拿起室内分机与来访者对讲,住户按下自动开锁,单元楼门上的电控锁打开,来访者进门后闭门器会自动将门关闭。
③ 住户在室内分机上按监视键,分机显示单元楼门处的图像。
3) 系统参数:
① 适用范围:大厦型和普通型楼宇,40层以下,19户/层。
② 电源:AC220V(主机单元),DC12V、AC18V(分机电源)。
③ 功耗(带50个分机时):待机状态时小于等于200mA,工作状态时小于等于500mA。
④ 摄像机:1/3黑白CCD,视角大于等于78°,最低照度为0.2lx,夜视光源为6个红外LED。
⑤ 键盘:夜光键盘。
⑥ 自动关机时间:60s。
⑦ 1个隔离器电源可带30个隔离器,电源安装在弱电竖井内。
⑧ 1个视频放大隔离器电源一般一幢楼一个,电源安装在弱电竖井内。

图 3-57　高层大厦型访客对讲系统图

190

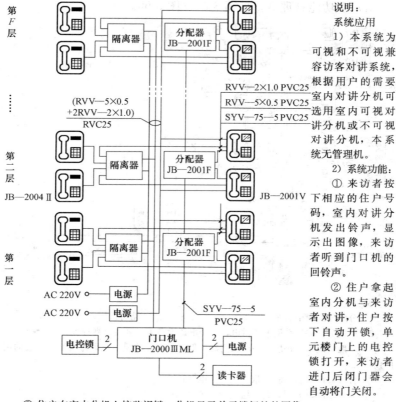

说明：
系统应用
1）本系统为可视和不可视兼容访客对讲系统，根据用户的需要室内对讲分机可选用室内可视对讲分机或不可视对讲分机，本系统无管理机。
2）系统功能：
① 来访者按下相应的住户号码，室内对讲分机发出铃声，显示出图像，来访者听到门口机的回铃声。
② 住户拿起室内分机与来访者对讲，住户按下自动开锁，单元楼门上的电控锁打开，来访者进门后闭门器会自动将门关闭。

③ 住户在室内分机上按监视键，分机显示单元楼门处的图像。

3）系统参数：

① 适用范围：大厦型和普通型楼宇，40 层以下，19 户/层。

② 电源：AC220V（主机单元），DC 12V、AC 18V（分机电源）。

③ 功耗（带 50 个分机时）：待机状态时小于等于 200mA，工作状态时小于等于 500mA。

④ 摄像机：1/3 黑白 CCD，视角大于等于 78°，最低照度为 0.2lx，夜视光源为 6 个红外 LED。

⑤ 键盘：夜光键盘。

⑥ 自动关机时间：60s。

⑦ 1 个隔离器电源可带 30 个隔离器，电源安装在弱电竖井内。

⑧ 1 个视频放大隔离器电源一般一幢楼一个，电源安装在弱电竖井内。

图 3-58　访客对讲加门禁系统图

4) 多功能管理型，见图 3-59、图 3-60。

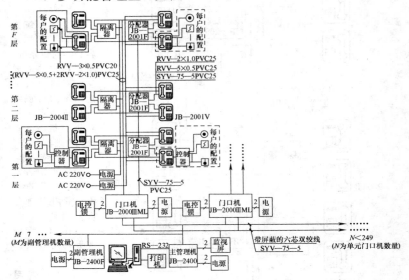

说明：

1) 分配器的规格有 2、3、4、5、6、7、8、9、10 路可选用。

2) 可视分机需用专用电源供电，一个电源设备可供 8 台可视分机。

3) 一般情况下，每层设一个隔离器，隔离器电源的配用原则为（X 为每层的用户数）：

① 当 $X<4$ 户时，每 10 层共用一个电源；

② 当 $4<X\leqslant8$ 户时，每 5 层共用一个电源；

③ 当 $8<X\leqslant30$ 户时，每 2 层共用一个电源。

4) 在竖井内对讲系统的所有设备均合装在一个接线箱内。

5) 系统中，可视主机和可视分机可选用彩色的，也可选用黑白的。

6) 系统中，可视分机或不可视分机均有接口接入 8 路探测器。当甲方（业主）要求一步到位，则要选用内带控制器的分机。当考虑住户需要将来才接入时，宜选用分机外接控制器的方式。

7) 本图 $F\leqslant8$ 层。当高于 8 层的楼层要安装视频放大隔离器。

8) 监视屏与门口机的视频电缆的连接可有三种方式：

① 用视频三通，二通并接方式，只能手动看一个图像；

② 用手动，自动切换器连接多根视频电缆，可手动和自动看一个图像；

③ 采用多画面分割处理器连接多根视频电缆，可同时多个画面，如 4 画面，16 画面等。

图 3-59　小区多路报警和访客对讲联网系统图

192

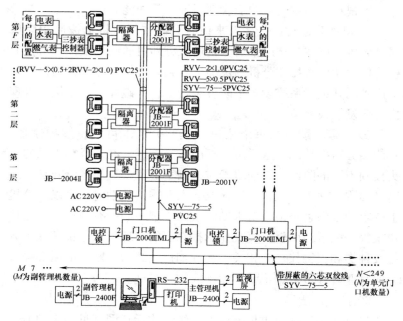

说明：

1）分配器的规格有 2、3、4、5、6、7、8、9、10 路可选用。

2）可视分机需用专用电源供电，一个电源设备可供 8 台可视分机。

3）一般情况下，每层设一个隔离器，隔离器电源的配用原则为（X 为每层的用户数）：

　① 当 $X<4$ 户时，每 10 层共用一个电源；

　② 当 $4<X\leqslant8$ 户时，每 5 层共用一个电源；

　③ 当 $8<X\leqslant30$ 户时，每 2 层共用一个电源。

4）在竖井内对讲系统的所有设备均合装在一个接线箱内。

5）系统中，可视主机和可视分机可选用彩色的，也可选用黑白的。

6）本图 $F\leqslant8$ 层。当高于 8 层的楼层要安装视频放大隔离器。

7）监视屏与门口机的视频电缆的连接可有三种方式：

　① 用视频三通，二通并接方式，只能手动看一个图像；

　② 用手动，自动切换器连接多根视频电缆，可手动和自动看一个图像；

　③ 采用多画面分割处理器连接多根视频电缆，可同时多个画面，如 4 画面，16 画面等。

图 3-60　小区四表远传和访客对讲联网系统图

可视对讲为主的多功能管理系统。其功能有：

① 可视防盗对讲。客人来访时只需在门口机上拨通相应房间号分机，待住户拿起室内分机后双方即可通话，配接了可视分机的住户还可直接在分机的荧屏上看到来访者。住户在门口机上采用密码开锁。系统设置了防拆装置，有人破坏时，主机和管理机就会发出报警声。

② 报警求助。在每个住户家里的分机上可接扩展控制器。它能接五路报警源，这样可以把门磁、烟感、红外线等不同的探头接到不同的防区，以使报警时控制室值班人员能区分开是哪一路（即哪个探头）报警。老人或病人在需要帮助时，可以用分机上的求助键向管理中心机求助。小区管理中心配有微机，一旦住户报警，电子地图就可直观显示报警点的地理位置，报警探头方位及种类和报警住户的相关资料（如户主姓名、联系电话等等），方便物业管理员根据报警类型采取相应措施。

③ 抄"四表"。

（4）楼宇可视对讲报警网络系统结构示意图（见图 3-61）

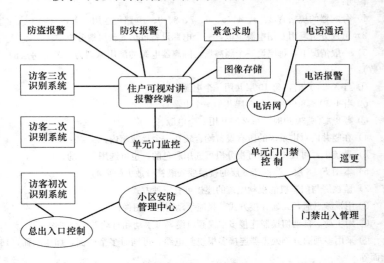

图 3-61　CM-980 型楼宇可视对讲报警网络系统结构示意图

194

3. 保安巡更系统

(1) 在线式巡更与非在线巡更比较（见表 3-107）

在线式巡更与非在线巡更比较　　　　　表 3-107

巡更系统 项目	在线式 （有线巡更系统）	非在线式 （无线巡更系统）
中心处理器与巡逻站通信方式	专线连接（星型、总线型）	无物理连接
对各巡逻站信息读写	实时	非实时
更改巡逻站设置	直接	间接
对巡逻人员监督	实时	单圈巡逻后检查
对巡逻人员保护	起作用	无作用
巡逻站位置更换、调整	困难	容易
维护	复杂	容易
投资成本	较高	低

(2) 巡更系统示意图（见图 3-62）

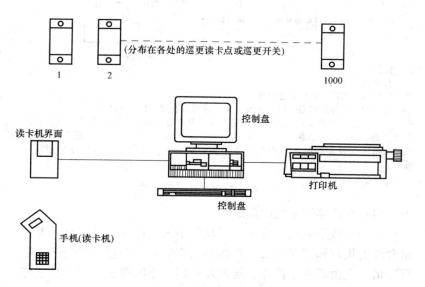

图 3-62　巡更系统示意图

（3）住宅小区有线巡更系统图（见图 3-63）

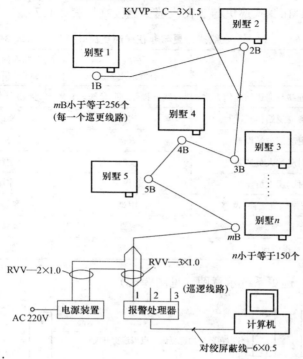

说明：

有线式巡更系统：

（1）1B、2B、⋯mB 为巡逻开关。

（2）它由报警处理器、巡逻开关、交换式电源装置和计算机组成。

（3）巡逻开关内设有随机可更改编码开关及巡更时间间隔设定开关，具有防拆报警功能。巡逻人员在触发前一个巡逻开关后，系统会通知下一个巡逻开关计时。巡逻人员应在设定时间间隔内触发下一个巡逻开关，否则会发出信号至报警处理器。

图 3-63　住宅小区有线巡更系统图

（4）在线巡更系统的集成

保安在线巡更系统主要用于规范小区的巡更活动，对巡更做出合理的规划和定期检查，在接到报警后，立即指导保安迅速处理警情。它由巡更定位器、遥控发射器、小区巡更监控中心三部分组成。如图 3-64 所示。

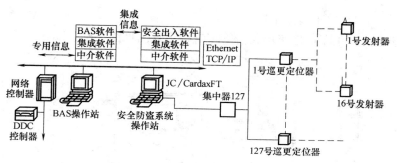

图 3-64　在线巡更系统的集成

4.停车场管理系统

（1）需要建立停车场管理系统的一般规定

根据建筑设计规范，住宅为每 100 户需设置 20 个停车位。当停车库内的车位数超过 50 个时，需要建立停车场管理系统，以提高车库管理的质量、效益和安全性。

通常，智能化住宅小区都设有停车场。停车场的车主大多数是小区内的住户或附近的人员，只有少量的临时车主。所以小区停车场按内部停车场管理系统考虑。停车场内把固定车位安排在一起，留有一定数量的临时车位，方便调度和管理。

（2）停车场管理方式及种类

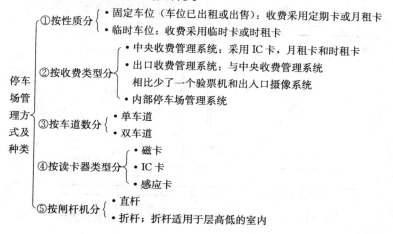

停车场管理方式及种类
- ①按性质分
  - 固定车位（车位已出租或出售）：收费采用定期卡或月租卡
  - 临时车位：收费采用临时卡或时租卡
- ②按收费类型分
  - 中央收费管理系统：采用 IC 卡，月租卡和时租卡
  - 出口收费管理系统：与中央收费管理系统相比少了一个验票机和出入口摄像系统
  - 内部停车场管理系统
- ③按车道数分
  - 单车道
  - 双车道
- ④按读卡器类型分
  - 磁卡
  - IC 卡
  - 感应卡
- ⑤按闸杆机分
  - 直杆
  - 折杆；折杆适用于层高低的室内

197

（3）单车道停车场

1）单车道停车场收费管理流程示意图见图3-65。

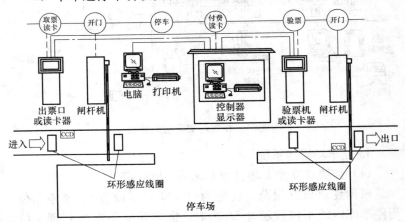

说明：

停车库管理系统一般由三部分组成：

（1）车辆出入的检测与控制：通常采用环形感应线圈方式或光电检测方式。

（2）车位和车辆的显示与管理：它可有车辆记数方式和车位检测方式。

（3）计时收费管理：有无人的自动收费系统和有人管理系统。

图 3-65　单车道停车场收费管理流程示意图

2）单车道内部停车场管理系统设备安装位置图见图3-66。

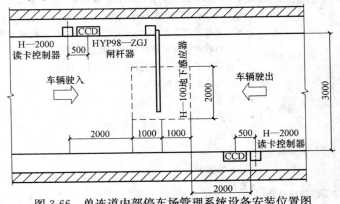

图 3-66　单连道内部停车场管理系统设备安装位置图

说明：

1. 该系统主要由 H—2000 感应式读卡控制器，CCD 摄像机，HMP-ZGJ 闸杆机，H—100 地下感应器和中央控制器管理系统组成。

2. 由于是内部停车场管理系统，所以该系统只有定期卡一种形式。车辆驶入或驶出场时，将定期卡在读卡器前感应，若该定期卡为有效卡，并经图像识别系统确认，则闸杆机挡杆自动升起，车辆便可驶入，当地下感应器探测出车辆驶过后，闸杆机挡杆便会自动降下。进出车辆的车辆资料，如卡号、车号、进出车场的时间、日期等可由中央控制管理系统进行显示，统计或打印。

图 3-66　单车道内部停车场管理系统设备安装位置图（续图）

（4）双车道停车场

双车道停车场管理系统设备安装位置图见图 3-67。

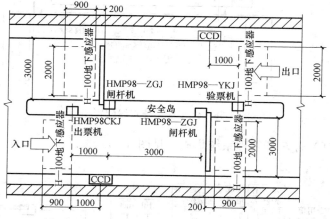

说明：

1. 停车场中央收费管理系统具有入口处车位显示功能、车牌和车型自动识别功能、出入口闸杆机挡杆自动控制功能、进出口及车库内通道行车招标显示功能、停车费自动计费与收费金额显示功能、整体停车场收费统计与管理功能、多个入口与出口联网监控管理功能、分层车辆统计与车位显示功能、与上位计算机联网统一管理控制功能、定期月卡与临时卡自动检测监控功能、出入口图像与广播通信功能。

2. 该系统主要由入口车位显示牌。HMP98—CHJ 出票机、HMP98—YKJ 验票机、HMP98—ZGJ 闸杆机、出入口地下感应器、中央收费控制管理系统、CCD 摄像系统组成。其中入口处车位显示牌及中央收费控制管理系统可远离出口验票机所在地点，灵活设置，故图中未画出。

3. 停车场出口收费管理系统（标准一进一出）与图中所示的中央收费管理系统相比，少了一个验票机和出入口 CCD 摄像机系统，并将中央收费控制管理系统移至出口处建立出口收费站，由收费站行使中央收费控制管理与验票机功能。

图 3-67　双车道停车场管理系统设备安装位置图

（5）停车场系统管线配置图（见图3-68）

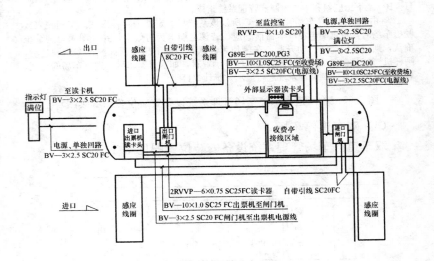

图 3-68　停车场系统管线配置图

（6）停车场管理系统集成（见图3-69）

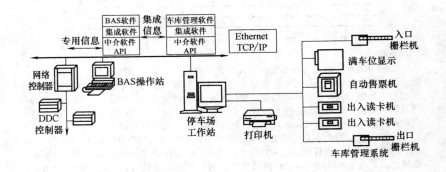

图 3-69　停车场管理系统集成

5.感应IC卡门禁管理系统

（1）感应IC卡门禁管理系统示意图（见图3-70）

200

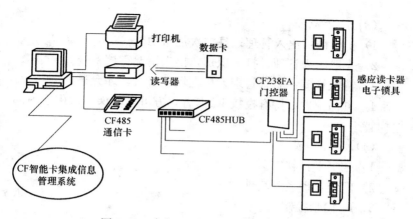

图 3-70 感应 IC 卡门禁管理系统示意图

（2）门禁器功能（见表 3-108）

门禁器功能

表 3-108

功　　能	说　　明
自适应性	各种设置既可通过计算机操作,也可由管理卡独立完成。联机使用时通过 CF-IMS3.0 监控软件实现门禁管理等多种功能
存储溢出	保证最新数据被安全记录,门禁器内可存 3630 条记录,联机后可被上位机读取
兼容性	提供四路开关量输入(可接 IR/ID 红外报警、电磁锁等)
断电保护	断电后数据可保存 30d 以上
管理容量	门禁器既可以独立使用也可以联网使用一块 CF485B 通讯卡最多可连接 256 台门禁器;亦可通过 485HUB 扩充连接
层级设置	可通过特权层级设置,有效进入时限段设置。门禁允诺时限段设置等,进行不同功能管理
具黑名单	黑名单最多可设 1000 名,可通过计算机进行设置,也可在三次无效操作后,机器自动设置
即时记录	即时记录每次开门的卡号、日期、时间等,最大记录个数为 10000 条;兼可即时显示
密码方式	具有二次键盘加密功能,即插卡加个人密码校对开门
设定方式	联网设备可用电脑通过网络随时进行门禁参数设置及校时处理;脱机使用的门禁器还可用设定卡设定

（3）应用范围

1）机要部门出入管理；具二次加密功能。

2）一般出入管理；打卡识别，出入情况存档备查。

3）特殊管理：需有管理人员在场监督时，才允进。

4）电梯管理：持有授权 IC 卡者，方可乘电梯。适用于内部电梯管理。

（4）系统构成

1）系统平台软件。

2）门禁管理系统软件。

3）IC 门禁控制器。

4）感应读卡头（感应距离 12cm）。

5）电子锁具 ES-228/DL-015I。

6）球型锁/阳锁。

（5）安装示意图（见图 3-71）

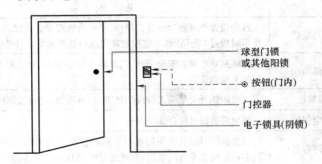

图 3-71　门控器安装示意图——单扇门

（6）技术参数（见表 3-109）

门禁器技术参数　　　　　　　　　　表 3-109

电源电压	DC12V,500mA
功率	6W
显示器	6 位,7 段显示,2 个指示灯
卡型号	支持 SIEMENS 2K/ISO-30 二合一卡

通信接口	RS485
波特率	1200～9600bit/s
键盘	15 个外置键
内部存储	32K 字节
时间制式	24h
最大记录	3600 条记录
锁具(阴锁)	12V 1000mA(加电开启型)

（7）别墅型小区门禁系统图（见图 3-72）

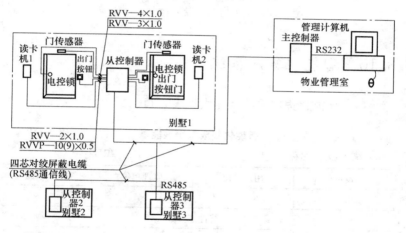

说明：

1. 系统特点：

（1）读卡机使用非接触 IC 卡。

（2）每个门可设置 32 个时区，每张卡可分别限制各个门任意时间段进出权限。

（3）可单门使用，可联网集中控制，最多可联 128 个控制器，控制 256 个门。

（4）除提供"开门超时"警报外，还提供"闯入警报"，"无效卡警报"等功能。

2. 控制器：每次出入情况，包括卡号、时间、地点以及是否授权等信息都被记录在控制器中，并被传送到管理计算机，控制器可设置 2 万张有效识别卡（双门），可脱机存储 4000 条进出记录，对非法刷卡、手动开门等事件可传至管理计算机。

图 3-72　别墅型小区门禁系统图

（8）门禁系统集成（见图 3-73）

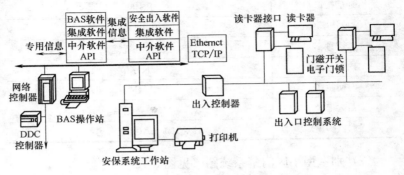

图 3-73　出入口（门禁）控制系统集成

3.10　智能化集成系统

（1）智能化集成系统性能表见表 3-110。

智能化集成系统性能表　　　　　**表 3-110**

系统（工程）名称：＿＿＿＿＿＿＿＿＿　　　　　　　编号：

建设单位	用户单位	监理单位	施工单位
系统性能参数			
序号	性能参数	具体性能要求	备注

204

（2）集成子系统 OPC 服务器参数说明表见表 3-111。

集成子系统 OPC 服务器参数说明表　　　　表 3-111

系统（工程）名称：＿＿＿＿＿＿　　　　　　编号：

集成子系统名称					
集成子系统技术负责人		联系方式			
OPC 服务器名称			OPC 数据项数量		

OPC 数据项列表

序号	OPC 项名	项值数据类型	意义说明	只读	备注

（3）集成子系统数据库访问接口说明表见表3-112。

集成子系统数据库访问接口说明表　　　　表3-112

系统（工程）名称：＿＿＿＿＿＿＿　　　　　　　　编号：

集成子系统名称						
集成子系统技术负责人			联系方式			
数据库软件名称		数据库软件版本		数据库数量		

数据库结构说明

数据库库名			数据表数量			
供集成系统使用的数据库用户名及密码						

序号	数据表名称	数据表说明	字段列表				
			序号	字段名称	字段类型	字段说明	备注
			序号	字段名称	字段类型	字段说明	备注
			序号	字段名称	字段类型	字段说明	备注

注：集成子系统含有多个数据库的应依次填写所有数据库的结构说明。

206

(4) 集成子系统通信接口性能参数表见表 3-113。

集成子系统通信接口性能参数表　　　表 3-113

系统（工程）名称：＿＿＿＿＿＿　　　　　　编号：

集成子系统名称			
集成子系统技术负责人		联系方式	
通信接口名称			

性能参数列表

序号	性能参数名称	性能参数意义	性能参数值	备注
1	状态变化响应时间	集成子系统的动行状态发生变化与其通过通信接口将变化了的状态参数传递出去之间的时间间隔		
2	控制命令响应时间	集成子系统通过通信接口接收到正确的控制指令与其控制执行器动作之间的时间间隔		
3	传输延迟时间	通信一方送出数据（指令）与通信另一方收到正确的数据（指令）之间的时间间隔		
4	系统容量	集成子系统在保证1、2、3项性能参数的前提下的最大参数点数量		
5	并发连接数量	集成子系统在保证1、2、3项性能参数的前提下，同一时刻在一个通信接口上允许的最大连接数量		
6	吞吐量	集成子系统在保证1、2、3项性能参数的前提下，通信接口在单位时间内可以正确处理的请求数量		

(5) 智能化集成系统用户权限配置表见表 3-114。

智能化集成系统用户权限配置表　　　表 3-114

系统（工程）名称：＿＿＿＿＿＿　　　　　　编号：

权限类型	□用户权限　　□用户组权限　　□角色权限　　□其他：＿＿＿＿＿
权限所有者名称（根据权限类型，权限所有者可以是一个用户，也可以是一个用户组，还可以是一个角色）	

通用性功能（即不关联到子系统的功能）权限配置

序号	权限名称	权限描述	权限	备注
			□无　□只读访问 □控制权限	
			□无　□只读访问 □控制权限	
			□无　□只读访问 □控制权限	

子系统 1 功能（即针对子系统 1 可用的功能）权限配置

序号	权限名称	权限描述	权限	备注
			□无　□只读访问 □控制权限	
			□无　□只读访问 □控制权限	
			□无　□只读访问 □控制权限	

子系统 2 功能（即针对子系统 2 可用的功能）权限配置

序号	权限名称	权限描述	权限	备注
			□无　□只读访问 □控制权限	
			□无　□只读访问 □控制权限	
			□无　□只读访问 □控制权限	

注：依次列出所有子系统功能的权限配置。

（6）智能化集成系统数据核对表见表 3-115。

智能化集成系统数据核对表　　　　表 3-115

系统（工程）名称：＿＿＿＿＿＿＿＿　　　　　　　　编号：

建设单位	监理单位	施工单位

1. 运行状态数据核对表

序号	智能化集成系统			被集成子系统			核对结果		备注
	界面名称及显示内容	数据项名称	数据项值	设备名称	设备参数名称	参数值	是否一致	错误原因分析	

2. 运行控制效果核对表

序号	智能化集成系统			被集成子系统		核对结果		备注
	界面名称及显示内容	控制项名称	预期控制效果	设备名称	设备实际执行的动作	是否一致	错误原因分析	

3. 历史运行数据核对表

序号	智能化集成系统			被集成子系统			核对结果		备注
	界面名称及显示内容	查询参数	查询结果集	设备名称	查询参数	查询结果集	是否一致	错误原因分析	

4. 视频监控及录像核对表

序号	智能化集成系统			被集成子系统			核对结果		备注
	界面名称及显示内容	摄像设备名称	图像内容及时间	设备名称	设备地址	图像内容及时间	是否一致	错误原因分析	

注：1. 是否一致栏应填写：一致、不一致。

　　2. 是否一致栏填写不一致的，应在错误原因分析栏注明数据不一致的原因，包括：

　　　(1) 集成系统参数或界面配置错误。

　　　(2) 集成系统运行错误。

　　　(3) 子系统运行错误。

　　　(4) 子系统通信接口错误。

　　　(5) 子系统提供的工程资料错误。

　　　(6) 其他。

(7) 智能化集成系统问题报告单见表 3-116。

智能化集成系统问题报告单　　　　　　　　表 3-116

编号：

系统（工程）名称：＿＿＿＿＿＿＿　　　　　施工单位：＿＿＿＿＿＿＿

问题编号			报告日期			
问题类型	□运行错误　□功能不满足要求　□性能不满足要求　□其他：					
报告人			联系方式			
调试人员			联系方式			
出现问题的操作步骤						
问题描述						
期望结果						
问题出现次数			问题可重现率			
计算机信息						
硬件配置	CPU	内存	系统盘可用空间	屏幕分辨率		屏幕颜色数
软件环境	操作系统		浏览器软件	语言设置		其他
问题报告人签名			系统调试人员签名			

（8）智能化集成系统问题处理记录见表 3-117。

智能化集成系统问题处理记录表 表 3-117

编号：

系统（工程）名称：_____   施工单位：_____

序号	问题编号	问题描述	处理意见	处理过程	处理结果	处理人	备注

注：1. 问题编号与表 3-116 中的问题编号一致。

2. 处理意见可以为同意修改或者拒绝修改。

3. 处理意见为同意修改的应简述处理过程和处理结果。

4. 处理意见为拒绝修改的应在备注栏中写清拒绝修改的理由及依据的设计文件或标准规范的相关条目。

3.11 防雷与接地

3.11.1 建筑物的防雷分类

建筑物应根据其重要性、使用性质、发生雷电事故的可能性和后果，按防雷要求分为三类。见表 3-118。

建筑物的防雷分级　　　　　表 3-118

分　类	内　容
第一类防雷建筑物	在可能发生对地闪击的地区,遇下列情况之一时,应划为第一类防雷建筑物: (1)凡制造、使用或贮存火炸药及其制品的危险建筑物,因电火花而引起爆炸、爆轰,会造成巨大破坏和人身伤亡者 (2)具有 0 区或 20 区爆炸危险场所的建筑物 (3)具有 1 区或 21 区爆炸危险场所的建筑物,因电火花而引起爆炸,会造成巨大破坏和人身伤亡者
第二类防雷建筑物	在可能发生对地闪击的地区,遇下列情况之一时,应划为第二类防雷建筑物: (1)国家级重点文物保护的建筑物 (2)国家级的会堂、办公建筑物、大型展览和博览建筑物、大型火车站和飞机场、国宾馆,国家级档案馆、大型城市的重要给水泵房等特别重要的建筑物 注:飞机场不含停放飞机的露天场所和跑道 (3)国家级计算中心、国际通信枢纽等对国民经济有重要意义的建筑物 (4)国家特级和甲级大型体育馆 (5)制造、使用或贮存火炸药及其制品的危险建筑物,且电火花不易引起爆炸或不致造成巨大破坏和人身伤亡者 (6)具有 1 区或 21 区爆炸危险场所的建筑物,且电火花不易引起爆炸或不致造成巨大破坏和人身伤亡者 (7)具有 2 区或 22 区爆炸危险场所的建筑物 (8)有爆炸危险的露天钢质封闭气罐 (9)预计雷击次数大于 0.05 次/a 的部、省级办公建筑物和其他重要或人员密集的公共建筑物以及火灾危险场所 (10)预计雷击次数大于 0.25 次/a 的住宅、办公楼等一般性民用建筑物或一般性工业建筑物

分　类	内　容
第三类防雷建筑物	在可能发生对地闪击的地区,遇下列情况之一时,应划为第三类防雷建筑物: (1)省级重点文物保护的建筑物及省级档案馆 (2)预计雷击次数大于或等于 0.01 次/a,且小于或等于 0.05 次/a 的部、省级办公建筑物和其他重要或人员密集的公共建筑物,以及火灾危险场所 (3)预计雷击次数大于或等于 0.05 次/a,且小于或等于 0.25 次/a 的住宅、办公楼等一般性民用建筑物或一般性工业建筑物 (4)在平均雷暴日大于 15d/a 的地区,高度在 15m 及以上的烟囱、水塔等孤立的高耸建筑物;在平均雷暴日小于或等于 15d/a 的地区,高度在 20m 及以上的烟囱、水塔等孤立的高耸建筑物

3.11.2　防雷与接地装置

1. 防雷装置的材料

防雷装置使用的材料及其应用条件宜符合表 3-119 的规定。

防雷装置的材料及使用条件　　　　　　　　表 3-119

材料	使用于大气中	使用于地中	使用于混凝土中	耐腐蚀情况		
				在下列环境中能耐腐蚀	在下列环境中增加腐蚀	与下列材料接触形成直流电耦合可能受到严重腐蚀
铜	单根导体,绞线	单根导体,有镀层的绞线,铜管	单根导体,有镀层的绞线	在许多环境中良好	硫化物有机材料	—
热镀锌钢	单根导体,绞线	单根导体,钢管	单根导体,绞线	敷设于大气、混凝土和无腐蚀性的一般土壤中受到的腐蚀是可接受的	高氯化物含量	铜
电镀铜钢	单根导体	单根导体	单根导体	在许多环境中良好	硫化物	—

213

材料	使用于大气中	使用于地中	使用于混凝土中	耐腐蚀情况		
				在下列环境中能耐腐蚀	在下列环境中增加腐蚀	与下列材料接触形成直流电耦合可能受到严重腐蚀
不锈钢	单根导体，绞线	单根导体，绞线	单根导体，绞线	在许多环境中良好	高氯化物含量	—
铝	单根导体，绞线	不适合	不适合	在含有低浓度硫和氯化物的大气中良好	碱性溶液	铜
铅	有镀铅层的单根导体	禁止	不适合	在含有高浓度硫酸化合物的大气中良好	—	铜不锈钢

注：1. 敷设于黏土或潮湿土壤中的镀锌钢可能受到腐蚀；
    2. 在沿海地区，敷设于混凝土中的镀锌钢不宜延伸进入土壤中；
    3. 不得在地中采用铅。

做防雷等电位连接各连接部件的最小截面，应符合表 3-120 的规定。

防雷装置各连接部件的最小截面 表 3-120

等电位连接部件			材料	截面（mm²）
等电位连接带（铜、外表面镀铜的钢或热镀锌钢）			Cu（铜）、Fe（铁）	50
从等电位连接带至接地装置或各等电位连接带之间的连接导体			Cu（铜）	16
			Al（铝）	25
			Fe（铁）	50
从屋内金属装置至等电位连接带的连接导体			Cu（铜）	6
			Al（铝）	10
			Fe（铁）	16
连接电涌保护器的导体	电气系统	Ⅰ级试验的电涌保护器	Cu（铜）	6
		Ⅱ级试验的电涌保护器		2.5
		Ⅲ级试验的电涌保护器		1.5
	电子系统	D1 类电涌保护器		1.2
		其他类的电涌保护器（连接导体的截面可小于 1.2mm²）		根据具体情况确定

2. 防雷装置规格

(1) 接闪器

1) 接闪器的材料、结构和最小截面应符合表 3-121 的规定。

接闪线（带）、接闪杆和引下线的材料、结构与最小截面

表 3-121

材料	结构	最小截面 （mm²）	备注⑩
铜，镀锡铜①	单根扁铜	50	厚度 2mm
	单根圆铜⑦	50	直径 8mm
	铜绞线	50	每股线直径 1.7mm
	单根圆铜③④	176	直径 15mm
铝	单根扁铝	70	厚度 3mm
	单根圆铝	50	直径 8mm
	铝绞线	50	每股线直径 1.7mm
铝合金	单根扁形导体	50	厚度 2.5mm
	单根圆形导体③	50	直径 8mm
	绞线	50	每股线直径 1.7mm
	单根圆形导体	176	直径 15mm
	外表面镀铜的 单根圆形导体	50	直径 8mm,径向镀铜厚度至少 70μm,铜纯度 99.9%
热浸镀锌钢②	单根扁钢	50	厚度 2.5mm
	单根圆钢⑨	50	直径 8mm
	绞线	50	每股线直径 1.7mm
	单根圆钢③④	176	直径 15mm
不锈钢⑤	单根扁钢⑥	50⑧	厚度 2mm
	单根圆钢⑥	50⑧	直径 8mm
	绞线	70	每股线直径 1.7mm
	单根圆钢③④	176	直径 15mm

材料	结构	最小截面 （mm²）	备注⑩
外表面 镀铜的钢	单根圆钢（直径 8mm）	50	镀铜厚度至少 70μm， 铜纯度 99.9%
	单根扁钢（厚 2.5mm）		

注：① 热浸或电镀锡的锡层最小厚度为 1μm；

② 镀锌层宜光滑连贯、无焊剂斑点，镀锌层圆钢至少 22.7g/m²、扁钢至少 32.4g/m²；

③ 仅应用于接闪杆。当应用于机械应力没达到临界值之处，可采用直径 10mm、最长 1m 的接闪杆，并增加固定；

④ 仅应用于入地之处；

⑤ 不锈钢中，铬的含量等于或大于 16%，镍的含量等于或大于 8%，碳的含量等于或小于 0.08%；

⑥ 对埋入混凝土中以及与可燃材料直接接触的不锈钢，其最小尺寸宜增大至直径 10mm 的 78mm²（单根圆钢）和最小厚度 3mm 的 75mm²（单根扁钢）；

⑦ 在机械强度没有重要要求之处，50mm²（直径 8mm）可减为 28mm²（直径 6mm）。并应减小固定支架间的间距；

⑧ 当温升和机械受力是重点考虑之处，50mm² 加大至 75mm²；

⑨ 避免在单位能量 10MJ/Ω 下熔化的最小截面是铜为 16mm²、铝为 25mm²、钢为 50mm²、不锈钢为 50mm²；

⑩ 截面积允许误差为 -3%。

2）避雷针宜采用圆钢或焊接钢管制成，其直径应符合表 3-122 的规定。

避雷针规格 　　　　　　　　　　表 3-122

针　　长	圆钢直径(mm)	钢管直径(mm)
<1m	≥12	≥20
1～2m	≥16	≥25
烟囱顶上	≥20	≥40

3）避雷网和避雷带采用圆钢或扁钢，其规格不应小于表 3-123 所列数值。

4）专门敷设的接闪器，其布置应符合表 3-124 的规定。布置接闪器时，可单独或任意组合采用接闪杆、接闪带、接闪网。

216

避雷网、避雷带及烟囱顶上的避雷环网规格 表 3-123

类别	材料规格	圆钢直径(mm)	扁钢截面(mm²)	扁管厚度(mm)
避雷网、避雷带		≥8	≥48	≥4
烟囱上的避雷环		≥12	≥100	≥4

接闪器布置 表 3-124

建筑物防雷类别	滚球半径 h_r(m)	接闪网网格尺寸(m)
第一类防雷建筑物	30	≤5×5 或≤6×4
第二类防雷建筑物	45	≤10×10 或≤12×8
第三类防雷建筑物	60	≤20×20 或≤24×16

注：滚球法是以 h_r 为半径的一个球体，沿需要防直击雷的部位滚动，当球体只触及接闪器（包括被利用作为接闪器的金属物），或只触及接闪器和地面（包括与大地接触并能承受雷击的金属物），而不触及需要保护的部位时，则该部分就得到接闪器的保护。

（2）引下线

1）引下线的材料、结构和最小截面应按表 3-121 的规定取值。

2）明敷引下线固定支架的间距不宜大于表 3-121 的规定。

3. 电子信息系统防雷

（1）电子信息系统应采用外部防雷和内部防雷等措施进行综合防护，如图 3-74 所示。

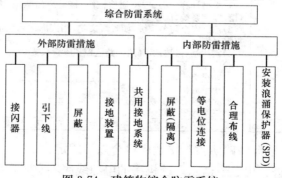

图 3-74 建筑物综合防雷系统

（2）建筑物雷电防护区（LPZ）划分如图 3-75 所示。

（3）建筑物电子信息系统宜按表 3-125 选择雷电防护等级。

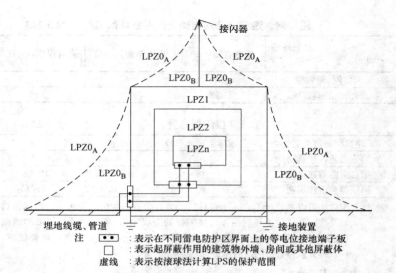

图 3-75 建筑物雷电防护区（LPZ）划分

建筑物电子信息系统雷电防护等级的选择表　表 3-125

雷电防护等级	电子信息系统
A 级	1）大型计算中心、大型通信枢纽、国家金融中心、银行、机场、大型港口、火车枢纽站等 2）甲级安全防范系统，如国家文物、档案库的闭路电视监控和报警系统 3）大型电子医疗设备、五星级宾馆
B 级	1）中型计算中心、中型通信枢纽、移动通信基站、大型体育场（馆）监控系统、证券中心 2）乙级安全防范系统，如省级文物、档案库的闭路电视监控和报警系统 3）雷达站、微波站、高速公路监控和收费系统 4）中型电子医疗设备 5）四星级宾馆
C 级	1）小型通信枢纽、电信局 2）大中型有线电视系统 3）三星级以下宾馆
D 级	除上述 A、B、C 级以外一般用途的电子信息系统设备

（4）电源线路防雷与接地应符合以下规定：

1）进、出电子信息系统机房的电源线路不宜采用架空线路。

2）电子信息系统设备由 TN 交流配电系统供电时，配电线路必须采用 TN-S 系统的接地方式。

3）配电线路设备的耐冲击过电压额定值应符合表 3-126 规

218

配电线路各种设备耐冲击过电压额定值　　表 3-126

设备位置	电源处的设备	配电线路和最后分支线路的设备	用电设备	特殊需要保护的电子信息设备
耐冲击过电压类别	Ⅳ类	Ⅲ类	Ⅱ类	Ⅰ类
耐冲击过电压额定值	6kV	4kV	2.5kV	1.5kV

定。电子信息系统设备配电线路浪涌保护器安装位置及电子信息系统电源设备分类示意如图 3-76 和图 3-77 所示。

4）在直击雷非防护区（LPZ0$_A$）或直击雷防护区（LPZ0$_B$）与第一防护区（LPZ1）交界处应安装通过Ⅰ级分类试验的浪涌保护器或限压型浪涌保护器作为第一级保护；第一防护区之后的各分区（含 LPZ1 区）交界处应安装限压型浪涌保护器。使用直流电源的信息设备，视其工作电压要求，宜安装适配的直流电源浪涌保护器。

5）浪涌保护器连接导线应平直，其长度不宜大于 0.5m。当电压开关型浪涌保护器至限压型浪涌保护器之间的线路长度小于 10m、限压型浪涌保护器之间的线路长度小于 5m 时，在两级浪涌保护器之间应加装退耦装置。当浪涌保护器具有能量自动配合功能时，浪涌保护器之间的线路长度不受限制。浪涌保护器应有过电流保护装置，并宜有劣化显示功能。

6）浪涌保护器安装的数量，应根据被保护设备的抗扰度和雷电防护分级确定。

7）用于电源线路的浪涌保护器标称放电电流参数值宜符合表 3-127 规定。

（5）信号线路的防雷与接地应符合下列规定：

1）进、出建筑物的信号线缆，宜选用有金属屏蔽层的电缆，并宜埋地敷设，在直击雷非防护区（IPZ0$_A$）或直击雷防护区（IPZ0$_B$）与第一防护区（LPZ1）交界处，电缆金属屏蔽层应做等电位连接并接地。电子信息系统设备机房的信号线缆内芯线相应端口，应安装适配的信号线路浪涌保护器，浪涌保护器的接地端及电缆内芯的空线对应接地。

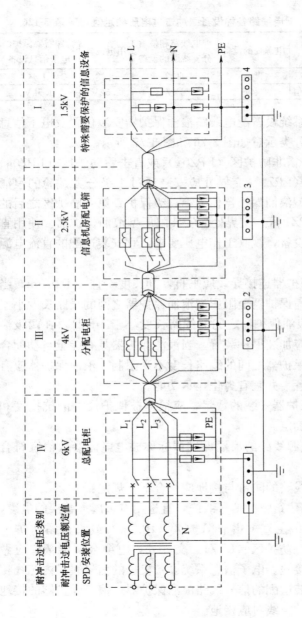

图 3-76 耐冲击电压类别及浪涌保护器安装位置（TN-S）

1—总等电位接地端子板；2—楼层等电位接地端子板；3、4—局部等电位接地端子板

图例：　—×— 空气断路器；　—⊏— 退耦器件；　—／— 隔离开关；　□ 熔断器件；

　——•••••—— 等电位接地端子板；　□ 等电位接地端子板；　—⊏— 浪涌保护器；

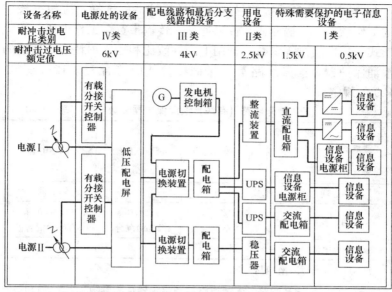

设备名称	电源处的设备	配电线路和最后分支线路的设备	用电设备	特殊需要保护的电子信息设备	
耐冲击过电压类别	IV 类	III 类	II 类	I 类	
耐冲击过电压额定值	6kV	4kV	2.5kV	1.5kV	0.5kV

注:本图为电子信息工程电源系统的分类,各类设备内容由工程决定。电信枢纽总进线处需设稳压器。

图 3-77　电子信息系统电源设备分类

电源线路浪涌保护器标称放电电流参数值　　表 3-127

保护分级	LPZ0 区与 LPZ1 区交界处		LPZ1 与 LPZ2、LPZ2 与 LPZ3 区交界处			直注电源标称放电电流(kA)
	第一级标称放电电流(kA)		第二级标称放电电流(kA)	第三级标称放电电流(kA)	第四级标称放电电流(kA)	
	10/350μs	8/20μs	8/20μs	8/20μs	8/20μs	8/20μs
A 级	≥20	≥80	≥40	≥20	≥10	≥10
B 级	≥15	≥60	≥40	≥20	—	直流配电系统中根据线路长度和工作电压选用标称放电电流≥10kA适配的 SPD
C 级	≥12.5	≥50	≥20	—	—	
D 级	≥12.5	≥50	≥10	—	—	

注:SPD 的外封装材料应为阻燃型材料。

221

2) 电子信息系统信号线路浪涌保护器的选择，应根据线路的工作频率、传输介质、传输速率、传输带宽、工作电压、接口形式、特性阻抗等参数，选用电压驻波比和插入损耗小的适配的浪涌保护器。信号线路浪涌保护器参数应符合表 3-128、表 3-129 的规定。

信号线路（有线）浪涌保护器参数　　表 3-128

参数要求 \ 缆线类型 \ 参数名称	非屏蔽双绞线	屏蔽双绞线	同轴电缆
标称导通电压	$\geq 1.2U_n$	$\geq 1.2U_n$	$\geq 1.2U_n$
测试波形	（1.2/50μs、8/20μs）混合波	（1.2/50μs、8/20μs）混合波	（1.2/50μs、8/20μs）混合波
标称放电电流（kA）	≥ 1	≥ 0.5	≥ 3

注：U_n——最大工作电压。

信号线路、天馈线路浪涌保护器性能参数　　表 3-129

名称	插入损耗（dB）	电压驻波比	响应时间（ns）	平均功率（W）	特性阻抗（Ω）	传输速率（bit/s）	工作频率（MHz）	接口形式
数值	≤ 0.50	≤ 1.3	≤ 10	≥ 1.5 倍系统平均功率	应满足系统要求	应满足系统要求	应满足系统要求	应满足系统要求

（6）浪涌保护器（SPD）的连接导线最小截面积宜符合表 3-130 的规定。

SPD 连接导线截面积　　表 3-130

保护级别	SPD 类型	导线截面积（mm²）	
		SPD 连接相线铜导线	SPD 接地端连接铜导线
第一级	开关型或限压型	16	25
第二级	限压型	10	16
第三级	限压型	6	10
第四级	限压型	4	6

注：组合型 SPD 参照相应保护级别的截面积选择。

4. 接地装置

（1）接地体的材料、结构和最小截面

接地体的材料、结构和最小截面应符合表 3-131 的规定。

接地体的材料、结构和最小尺寸 表 3-131

材料	结构	最小尺寸			备注
		垂直接地体直径（mm）	水平接地体（mm²）	接地板（mm）	
铜、镀锡铜	铜绞线	—	50	—	每股直径 1.7mm
	单根圆铜	15	50	—	
	单根扁铜	—	50	—	厚度 2mm
	铜管	20	—	—	壁厚 2mm
	整块铜板	—	—	500×500	厚度 2mm
	网格铜板	—	—	600×600	各网格边截面 25mm×2mm，网格网边总长度不少于 4.8m
热镀锌钢	圆钢	14	78	—	
	钢管	20	—	—	壁厚 2mm
	扁钢	—	90	—	厚度 3mm
	钢板	—	—	500×500	厚度 3mm
	网格钢板	—	—	600×600	各网格边截面 30mm×3mm，网格网边总长度不少于 4.8m
	型钢	注 3	—	—	—
裸钢	钢绞线	—	70	—	每股直径 1.7mm
	圆钢	—	78	—	
	扁钢	—	75	—	厚度 3mm
外表面镀铜的钢	圆钢	14	50	—	镀铜厚度至少 250μm，铜纯度 99.9%
	扁钢	—	90（厚 3mm）	—	

材料	结构	最小尺寸			备　注
		垂直接地体直径（mm）	水平接地体（mm²）	接地板（mm）	
不锈钢	圆形导体	15	78	—	—
	扁形导体	—	100	—	厚度 2mm

注：1. 热镀锌层应光滑连贯、无焊剂斑点，镀锌层圆钢至少 22.7g/m²、扁钢至少 32.4g/m²。

2. 热镀锌之前螺纹应先加工好。

3. 不同截面的型钢，其截面不小于 290mm²，最小厚度 3mm，可采用 50mm×50mm×3mm 角钢。

4. 当完全埋在混凝土中时才可采用裸钢。

5. 外表面镀铜的钢，铜应与钢结合良好。

6. 不锈钢中，铬的含量等于或大于 16%，镍的含量等于或大于 5%，钼的含量等于或大于 2%，碳的含量等于或小于 0.08%。

7. 截面积允许误差为 −3%。

（2）接地极

对接地极的材料和尺寸的选择，应使其既耐腐蚀又具有适当的机械强度。接地极的最小尺寸见表 3-132。

耐腐蚀和机械强度要求的埋入土壤中常用材料接地极的最小尺寸

表 3-132

材料	表面	形　状	最小尺寸				
			直径（mm）	截面积（mm²）	厚度（mm）	镀层/护套的厚度（μm）	
						单个值	平均值
钢	热镀锌或不锈钢	带状	—	90	3	63	70
		型材	—	90	3	63	70
		深埋接地极用的圆棒	16	—	—	63	70
		浅埋接地极用的圆棒	10	—	—	—	50
		管状	25	—	2	47	55
	铜护套	深埋接地极用的圆棒	15	—	—	2000	—
	电积镀铜护层	深埋水平接地极	—	90	3	70	—
		深埋接地极用的圆棒	14	—	—	254	—

材料	表面	形　状	最小尺寸				
			直径（mm）	截面积（mm²）	厚度（mm）	镀层/护套的厚度（μm）	
						单个值	平均值
铜	裸露①	带状	—	50	2	—	—
		浅埋接地极用的圆线	—	25	—	—	—
		绞线	每根1.8	25	—	—	—
		管状	20	—	2	—	—
	镀锡	绞线	每根1.8	25	—	1	5
	镀锌	带状	—	50	2	20	40

注：1. 热镀锌或不锈钢可用作埋在混凝土中的电极；

　　2. 不锈钢不加镀层；

　　3. 钢带为待遇岸边的轧制的带状或切割的带状；

　　4. 铜镀锌带为带圆边的带状；

　　5. 在腐蚀性和机械损伤极低的场所，铜圆线可采用16mm²的截面；

　　6. 浅埋指埋设深度不超过0.5m。

（3）接地导体

对于埋入土壤中的接地导体（线）的最小截面积应符合表3-133的要求。

埋入土壤中的接地导体的最小截面积　　表3-133

防腐蚀保护	有防机械损伤保护（mm²）	无防机械损伤保护（mm²）
有	铜：2.5mm² 钢：10mm²	铜：16mm² 钢：16mm²
无	铜25mm²；铁50mm²	

（4）保护导体

保护导体的截面积可按表3-134确定。

3.11.3　防雷与接地装置安装

1. 防雷系统安装

（1）一般规定

阀型避雷器的主要技术参数见表3-135。

保护导体的最小截面积 表 3-134

相线的截面积 $S_a(mm^2)$	相应保护导体的最小截面积 $S_p(mm^2)$	
	保护导体与相线使用相同材料	保护导体与相线使用不同材料
$S_a \leqslant 16$	S_a	$\dfrac{k_1}{k_2} \times S_a$
$16 < S_a \leqslant 35$	16	$\dfrac{k_1}{k_2} \times 16$
$S_a > 35$	$\dfrac{S_a}{2}$	$\dfrac{k_1}{k_2} \times \dfrac{S_a}{2}$

注：1. k_1 为相导体的 k 值，按线和绝缘的材料由表 3-227 或现行国家标准《建筑物电气装置 第 4 部分：安全防护 第 43 章：过电流保护》GB 16895.5 的有关规定选取；

2. k_2 为保护导体的 k 值，按表 3-228～表 3-232 的规定选取；

3. 对于 PEN，其截面面积符合现行国家标准《建筑物电气装置 第 5 部分：电气设备的选择和安装 第 52 章：布线系统》GB 16895.6 规定的 N 尺寸后，才允许减少。

阀型避雷器主要技术参数 表 3-135

型号	额定电压有效值(kV)	最大允许电压有效值(kV)	灭弧电压有效值(kV)	工频放电电压有效值(kV)		冲击放电电压（预放时间为 1.5～20μs）峰值(kV)不大于	残压(波形为 10/20μs)峰值(kV)不大于		
				不小于	不大于		3kA	5kA	10kA
FS-3	3	3.5	3.8	9	11	21	16	17	
FS-6	6	6.9	7.6	16	19	35	28	30	
FS-10	10	11.5	12.7	26	31	50	47	50	
FZ-3	3	3.5	3.8	9	11	20	—	14.5	16
FZ-6	6	6.9	7.6	16	19	30	—	27	30
FZ-10	10	11.5	12.7	26	31	45	—	45	50

注：1. FS 型适用于配电网络，FZ 型适用于发电厂和变电所。

2. 选用时除考虑上述参数外，还要考虑安装地点的海拔高度。

CX2 系列管型避雷器的主要技术参数见表 3-136。

避雷器的选用参考表 3-137。

（2）安装要求

各类建筑物、电力设施防雷系统安装要求见表 3-138～表 3-141。

管型避雷器主要技术参数　　　　表 3-136

规格	额定电压 (kV)	灭弧管间隙 (mm)	隔离间隙 (mm)	灭弧管内径 (mm)	冲击放电电压 (1.5/20μs)(kV)				工频耐受电压 (kV)		额定断流能力 (kV)	
					负极性		正极性		干	湿	上限	下限
					波前	最小	波前	最小				
$CX2\dfrac{10}{2-7}$	10	130	$\dfrac{15}{20}$	$\dfrac{10}{10.5}$	76	60	77	75	33	27	7	2
$CX2\dfrac{10}{0.8-4}$	10	130	$\dfrac{15}{20}$	$\dfrac{8.5}{9}$	74	60	77	75	33	27	4	0.8
$CX2\dfrac{6}{2-8}$	6	130	$\dfrac{10}{15}$	$\dfrac{9.5}{10}$	60	55	59	44	20	16	8	2
$CX2\dfrac{6}{0.5-3}$	6	130	$\dfrac{10}{15}$	$\dfrac{8}{8.5}$	60	55	59	44	20	16	3	0.5

避雷器特点和主要用途　　　　表 3-137

名称与型号		特　点	主　要　用　途
羊角(保护)间隙避雷器		结构简单,经济,安装容易。当雷击高压侵入,羊角间隙放电(自动灭弧)时,将雷电流引地	可用作变压器高压侧及电度表的保护
普通阀型避雷器	配电所型 FS	仅有间隙和阀片(碳化硅)	用作配电变压器、电缆头、柱上断路器等设备的防雷保护。电压等级较低
	变电所型 FZ	同 FS 型,但间隙带有均压电阻,使熄弧能力增大	用作变电所电气设备防雷,其中 3~60kV 型用于中性不接地系统;110kV 型分接地与不接地两种;220kV 型仅用于中性接地
磁吹阀型避雷器	旋转电机型 FCD	同 FZ 型,但间隙加磁吹灭弧元件,使熄弧能力增强,且部分间隙并联电容器以改善特性	用于旋转电机的防雷

227

名称与型号		特　点	主要用途
管型避雷器	CX	由产气管、内部间隙和外部间隙三部分组成。管内无阀片，不存在冲击电流通过时所产生的残压问题	保护线路中的绝缘弱点（特高杆塔、大挡距交叉跨越杆塔等）和发电厂、变电所的进线段，以及雷雨季节中经常断开而其线路侧又有电压的隔离开关或断路器
金属氧化物避雷器	Y5C Y3W Y5W	采用非线性特性较好的氧化锌阀片，无间隙或局部阀片有并联间隙。比普通阀型避雷器动作迅速、可靠性高、寿命长、维护简便，是更新产品	低压氧化锌避雷器用于380V及以下设备，如配电变压器（低压侧）、低压电机、电度表等的防雷。高压氧化锌避雷器可用来保护高压电机或变电所电气设备或电容器组

第一类建筑物防雷系统安装要求　　　　　　　　表 3-138

项　目	安 装 要 求
防直击雷	(1)装设独立避雷针(或架空避雷线)进行保护,其保护范围高出排放危险物(气体、蒸气或粉尘)的建筑物顶部不应小于 2m。独立避雷针应有独立的接地装置,冲击接地电阻 R_{ch} 宜小于 10Ω (2)避雷针(带)可装在建筑物上,冲击接地电阻 R_{ch} 应小于 10Ω (3)独立避雷针及其接地装置,至被保护建筑物及与其有联系的金属物之间的距离,空气中应不小于 $(0.3R_{ch}+0.1h)$m,且应大于 5m;地中应不小于 $0.3R_{ch}$m,且应大于 3m (4)建筑物的钢筋及室内的金属设备,均应彼此连接和接地
防感应雷	(1)非金属面要装避雷网,建筑物内的金属物和突出屋面的金属物均应接地,金属屋面和钢筋混凝土屋面沿周边应每隔18～24m用引下线接地一次 (2)平行敷设的长金属物,如管道、构架和电缆外皮等,其相互间净距小于 100mm 时,应每隔 20～30m 用金属线跨接,净距小于 100mm 的交叉处及金属管道连接处(如弯头、阀门、法兰盘等),应用金属线跨接后接地 (3)防雷电感应的接地装置,接地电阻应小于 10Ω,应和电气设备的接地装置连接。室内接地干线与接地装置的连接不应少于 2处

项　目	安　装　要　求
防雷电波入侵	（1）采用不小于50m的电缆进线保护。在电缆与架空线连接处还应装设阀型避雷器。避雷器、电缆金属外皮和绝缘子铁脚应连接在一起并接地，冲击接地电阻应小于10Ω （2）架空、埋地或地沟内的金属管道，在进入建筑物处应与防雷电感应的接地装置相连。距离建筑物100m内的架空管道，应每隔25m接地一次，冲击接地电阻应小于20Ω

注：除有特殊要求外，防直击雷、防感应雷、防雷电波侵入以及电气设备的接地装置允许连在一起。

第二类建筑物防雷系统安装要求　　　　表3-139

项　目	安　装　要　求
防直击雷	（1）在建、构筑物上装设避雷针或避雷网，避雷网应沿屋角、屋脊、屋檐和檐角等易受雷击部位装设，并应在整个屋面组成小于10m×10m的网络。避雷针之间要用避雷带互相连接。冲击接地电阻要小于10Ω （2）厚度大于4mm的金属层面可作为接闪器 （3）金属管道、混凝土内的钢筋可作为引下线，其与接地装置的接连焊接，与外部连接的钢筋与预留连接板的连接要焊接。接地装置各构件之间要连成电气通路 （4）引下线应不少于两根，其间距应小于24m （5）对排放具有爆炸危险的气体、蒸气或粉尘的突出屋面的排风管、呼吸阀等，应在其附近装设避雷针保护，避雷针的针尖应高出管口3m以上，且管口北方1m应在保护范围内。屋面接闪器保护范围之外的非金属物体，要装接闪器，并和屋面防雷装置相连
防感应雷	（1）屋内的主要金属物体（如设备、管道、构架等），应与接地装置相接 （2）屋内平行敷设的长金属物体的防雷要求同第一类建、构筑物的防雷要求。用法兰盘或丝扣连接的金属管道，其连接处可不用金属跨接线 （3）屋内接地干线与接地装置的连接不应少于2处

项　　目	安装要求
防雷电波入侵	(1)采用电缆进线时的防雷保护措施与第一类建、构筑物相同 (2)采用低压架空进线时,进户线电杆的绝缘子铁脚应接地,其冲击接地电阻应小于10Ω。前两基电杆的绝缘子铁脚也均应接地,其冲击接地电阻应小于20Ω。装在入户墙上的低压避雷器或保护间隙,应与绝缘子铁脚及接地装置相连,其总的冲击接地电阻应小于5Ω (3)架空或直接埋入地下的金属管道在入户处应与接地装置相连,架空金属管道在距建筑物约25m处应接地一次,其冲击接地电阻应小于10Ω

第三类建筑物防雷系统安装要求　　　　　　　表 3-140

项　　目	安装要求
防感应雷	(1)在建、构筑物最容易受雷击部位(屋脊、屋角、山墙等)应装设避雷针或避雷带,其冲击接地电阻应小于30Ω (2)引下线不宜少于两根,其间距不宜大于30~40m,当建筑物的周长和高度均不超过40m时,可只设一根引下线 (3)如为钢筋混凝土屋面,可利用其钢筋作为防雷装置。金属屋面宜作为接闪器
防雷电波入侵	(1)在低压架空线入户处,应将绝缘子铁脚接到防雷及电气设备的接地装置上 (2)进入建筑物的架空金属管道,在入户处宜与上述接地装置相连

电力设施防雷系统安装要求　　　　　　　表 3-141

项　　目		安装要求
电力线路	高压架空线路 (220/380V)	(1)采用瓷横担,或在铁横担上采用高一级的绝缘瓷瓶 (2)利用三角形线架的顶线作保护线,即在顶相绝缘子上装羊角间隙避雷器 (3)对线路上个别特别高的电杆、线路的交叉跨越处、电缆头、开关等,装管形避雷器或保护间隙 (4)采用自动重合闸开关或自动重合熔断器作辅助防雷

项　目		安　装　要　求
电力线路	低压架空线路 （3～10kV）	（1）一般用户的接户线的绝缘子铁脚接地，接地电阻应小于 30Ω （2）在重要用户进户线前 50m 处安装一组低压避雷器，入户后再装一组 （3）人员密集的场所（如学校教学楼等）以及由木杆、木横担作引下的接线户，绝缘子铁脚应另设接地线接地 （4）在多雷区或易遭雷击区，直接与架空线相连的电能表要装设低压阀型避雷器或保护间隙，并要重复接地
	变配电所	（1）装设避雷针保护整个变电所 （2）装设避雷线保护变电所的进出线，防止雷击沿线路入侵变电所对于 35kV 电力线路，在进出变电所 1～2km 段内架设架空避雷线，并在避雷线两端装设管型避雷器，其接地电阻应小于 10Ω，10kV 及以下的配电线路的进出线，只要装设 FZ 或 FS 型阀式避雷器 （3）装设阀型避雷器，防止雷电波进入变电所，在变电所的母线上装设一组阀型避雷器，以保护主变压器，对于 6～10kV 的变电所，避雷器与主变压器的间距应大于 5m
	配电变压器	（1）6～10kV/0.4kV，Y，Y_n 接线的配电变压器 1）高压侧。在高压熔断器内侧装设阀型避雷器，避雷器引下线与变压器中性线及各金属外壳连在一起共同接地 2）低压侧。装一组阀型避雷器（220V）、440V 压敏电阻或击穿保险丝 （2）6～10kV/0.4kV，Y，Y_n 接线的配电变压器 1）高压侧。与上述相同 2）低压侧。除上述外，还应在中性点增设保护间隙，其接地端必须与总接地网相连 （3）35/0.4kV 直配变压器 1）高压侧。装设阀型变压器，且要在变压器与避雷器之间增设一 20μH（直径 20cm，长 24cm，绕 30 匝）的电感线圈

続表

項　目	安裝要求
配電變壓器	2）低壓側。對於100kV·A及以上容量的變壓器，接地電阻要小於4Ω，對於100kV·A以下容量的變壓器，接地電阻要小於10Ω
柱上開關	3～10kV的柱上開關，常用閥型避雷器，也可以用保護間隙。經常處於閉路運行狀態的柱上開關，避雷器安裝在電源側。經常處於開路運行狀態的柱上開關，應在兩側安裝避雷器。其接地線與柱上開關的金屬外殼連接并接地，接地電阻要小於10Ω

2. 接地裝置安裝

低壓配電系統接地，根據國際電工委員會（IEC）的規定，分為TN-S系統、TN-C系統、TN-C-S系統、TT系統、IT系統五類，見表3-142，其中N為零線，PE為接地線，PEN為零線與接地線合成。

低壓配電系統接地方式與應用　　　表3-142

接地方式	接線圖示	特點及應用
TN-S方式（五線制）	L1 L2 L3 N（淡藍）PEN（綠/黃）電力系統接地點　電氣設備外露　可導電部分	特點:用電設備金屬外殼接PE線，發生事故（一相碰殼漏電等）時，保護裝置（熔斷器、低壓斷路器）動作，切斷電源。比較安全，費用較高 應用:環境條件較差的場所，高層建築數據處理、精密檢測裝置供電系統
TN-C方式（四線制）	L1 L2 L3 PEN（綠/黃）綠/黃 淡藍 電力系統接地點　電氣設備外露　可導電部分	特點:N線與PE線合用成PEN，發生事故（如一相碰殼漏電）時，保護器會動作，比較安全，費用較低 應用:一般場所用

232

接地方式	接线图示	特点及应用
TN-C-S 方式 (四线半制)	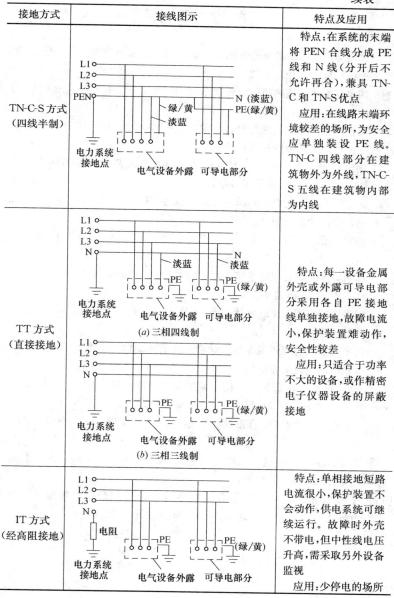	特点:在系统的末端将 PEN 合线分成 PE 线和 N 线(分开后不允许再合),兼具 TN-C 和 TN-S 优点 应用:在线路末端环境较差的场所,为安全应单独装设 PE 线。TN-C 四线部分在建筑物外为外线,TN-C-S 五线在建筑物内部为内线
TT 方式 (直接接地)		特点:每一设备金属外壳或外露可导电部分采用各自 PE 接地线单独接地,故障电流小,保护装置难动作,安全性较差 应用:只适合于功率不大的设备,或作精密电子仪器设备的屏蔽接地
IT 方式 (经高阻接地)		特点:单相接地短路电流很小,保护装置不会动作,供电系统可继续运行。故障时外壳不带电,但中性线电压升高,需采取另外设备监视 应用:少停电的场所

233

参 考 文 献

[1] 国家标准. 厅堂扩声特性测量方法（GB/T 4959—2011）［S］. 北京：中国标准出版社，2012.

[2] 国家标准. 建筑物防雷设计规范（GB 50057—2010）［S］. 北京：中国计划出版社，2011.

[3] 国家标准. 火灾自动报警系统设计规范（GB 50116—1998）［S］. 北京：中国标准出版社，1999.

[4] 国家标准. 火灾自动报警系统施工及验收规范（GB 50166—2007）［S］. 北京：中国计划出版社，2008.

[5] 国家标准. 有线电视系统工程技术规范（GB 50200—1994）［S］. 北京：中国计划出版社，1994.

[6] 国家标准. 综合布线系统工程设计规范（GB 50311—2007）［S］. 北京：中国标准出版社，2007.

[7] 国家标准. 综合布线系统工程验收规范（GB 50312—2007）［S］. 北京：中国计划出版社，2007.

[8] 国家标准. 智能建筑设计标准（GB/T 50314—2006）［S］. 北京：中国计划出版社，2007.

[9] 国家标准. 智能建筑工程质量验收规范（GB 50339—2003）［S］. 北京：中国建筑工业出版社，2003.

[10] 国家标准. 建筑物电子信息系统防雷技术规范（GB 50343—2004）［S］. 北京：中国建筑工业出版社，2004.

[11] 国家标准. 电子信息系统机房施工及验收规范（GB 50462—2008）［S］. 北京：中国计划出版社，2009.

[12] 国家标准. 智能建筑工程施工规范（GB 50606—2010）［S］. 北京：中国计划出版社，2011.

[13] 行业标准. 大楼通信综合布线系统 第1部分：总规范（YD/T 926.1—2009）［S］. 北京：人民邮电出版社，2009.